华东交通大学教材（专著）基金资助项目

电子技术实验及仿真

主　编 ◎ 潘红英

西南交通大学出版社
·成　都·

内容简介

本书主要介绍电子技术课程实验的相关内容，包括模拟电子技术实验、数字电子技术实验和仿真实验平台简介。Multisim 14.0 仿真软件的使用在本书中有详细的介绍，部分实验给出了Multisim 14.0 仿真，学生可以通过自学完成各种电路的设计与仿真。书中最后给出了课程设计题目并提示了设计方案，以促进学生综合设计能力的提高。

本书可作为高等院校理工类各专业本、专科学生的实验教材，也可供从事电子电路设计、研发的工程技术人员参考。

图书在版编目（C I P）数据

电子技术实验及仿真 / 潘红英主编. —成都：西南交通大学出版社，2021.5

ISBN 978-7-5643-8036-6

Ⅰ. ①电… Ⅱ. ①潘… Ⅲ. ①电子技术 – 实验 – 高等学校 – 教材②电子技术 – 系统仿真 – 高等学校 – 教材 Ⅳ. ①TN

中国版本图书馆 CIP 数据核字（2021）第 095620 号

Dianzi Jishu Shiyan ji Fangzhen

电子技术实验及仿真

主编　潘红英

责任编辑	黄淑文
封面设计	曹天擎

出版发行	西南交通大学出版社 （四川省成都市金牛区二环路北一段 111 号 西南交通大学创新大厦 21 楼）
邮政编码	610031
发行部电话	028-87600564　028-87600533
网址	http://www.xnjdcbs.com
印刷	成都蓉军广告印务有限责任公司

成品尺寸	185 mm × 260 mm
印张	11.5
字数	244 千
版次	2021 年 5 月第 1 版
印次	2021 年 5 月第 1 次
定价	36.00 元
书号	ISBN 978-7-5643-8036-6

课件咨询电话：028-81435775

图书如有印装质量问题　本社负责退换

版权所有　盗版必究　举报电话：028-87600562

P/前言
reface

　　"电子技术"是理工类各专业重要的基础课,在学科建设和人才培养中占有非常重要的位置。"电子技术实验及仿真"以工程应用为出发点,为培养学生的实验操作能力、工程设计能力以及综合设计能力为目标,设计了一系列基础性课程实验和综合性课程设计。

　　全书共分 5 章,第 1 章为电子技术实验基础知识,主要介绍了 LTE-DC-03B 型数字电子实验台、固纬 GOS-6031 型模拟示波器和 EONE VC104 数字万用表的参数及使用方法。第 2 章为模拟电子技术实验,共有 8 个实验。第 3 章为数字电子技术实验,共有 9 个实验。实验的内容为配合理论教学的进度而安排的,与教材相匹配。第 4 章为 Multisim 14.0 在电子技术中的仿真应用,包括 Multisim 14.0 仿真软件的介绍和大量的实例,培养学生利用计算机仿真对电路进行分析的能力。第 5 章为电子技术课程设计,共有 10 个课程设计题目。题目的设计难易适中,旨在培养学生的综合设计能力。实验教师可根据学时多少、内容深浅自由选择,以满足不同专业、不同层次学生的要求。附录中列出了常用芯片名称及管脚图,以供学生查阅。

　　全书介绍了电子技术的实验仪器,实验的基本方法和流程,着重强调培养理工类各专业学生所应具备的工程意识、工程素质、实践能力和创新能力。

　　本书由潘红英副教授担任主编,负责全书的组织和定稿。徐征副教授协助编撰工作。潘红英副教授编写第 1、2、3 章,徐征副教授编写第 4、5 章。

　　本书的编写得到了华东交通大学电气工程与自动化学院电基础教研室和数字电子技术实验室的大力支持,在此表示感谢。由于作者能力有限,编写时间仓促,书中难免存在疏漏之处,敬请读者予以批评指正。

编　者

2020 年 3 月

C/ 目 录
ontents

第1章　电子技术实验基础知识

1.1　电子技术实验的目的

电子技术是一门工程性和实践性很强的学科，电子技术实验的目的不仅在于帮助学生巩固和加深理解所学的理论知识，更重要的是培养学生的工程实践能力，树立学生的工程实践观和严谨的科学作风，同时激发学生的创造性思维能力，提高学生的观察能力、表达能力和动手能力。

学生通过电子技术实验，可以学会正确使用电子仪器，掌握电路的测试方法，独立完成实验电路的设计、参数的计算、电路的安装、调试、测试，具备分析问题和解决问题的能力。

1.2　电子技术实验的要求

（1）学生在实验前须预习实验指导和相关理论知识，明确实验目的、实验原理、预期的实验结果、操作关键步骤及注意事项。

（2）指导教师在实验前讲解实验基本原理、实验流程、实验要求。

（3）学生在实验过程中独立思考，积极解决出现的各种问题，认真记录实验数据，课后整理分析，完成实验报告。

1.3　电子技术实验的过程

要完成电子技术实验，通常要完成以下几个过程：

1. 课前预习

实验效果的好坏与实验的预习密切相关。学生在授课教师布置实验任务后，应该认真阅读实验指导书，熟悉实验内容，以确保在实验课程内完成实验内容。每项实验内容都有与之相关的理论基础，实验的过程应接受理论的指导，实验结果不能与理论产生矛盾。因此，在进行实验操作之前，必须熟悉有关实验内容的理论知识。

在实验过程中需要借助各种电子仪器使实验电路正常工作，并用仪器对电路进行测试。在实验前应了解有关实验仪器的基本特性、使用方法、操作要求和步骤。在实验中要用到多种与实验相关的电子元器件，在实验前应了解有关器件的电气工作特性和使用要求以及在电路中所起的作用。因此，在实验前应对有关的数据表格或现象的读取和记录方式有所准备，以便在实验过程中能够顺利地进行记录工作。

在实验操作前，应该对整个实验的过程有较全面的了解，并确定基本的实验步骤，将这些内容整理好，写出预习报告。预习报告主要内容应包括以下几个方面：

（1）列出实验仪器、元器件清单。整理好实验仪器的使用方法及元器件的电气特性等相关资料，以便实验过程中查阅。

（2）设计出电路图并保留完成的设计过程，以便在实验过程中不断探讨实验原理，也方便查找错误，同时使用仿真软件验证并记录下仿真电路图。

（3）绘出设计好的实验电路图，在图上标出器件型号、使用的引脚号及元件数值。

（4）拟定实验方法和步骤。

（5）拟好记录实验数据的表格和波形坐标，并记录预习的理论值和仿真结果。

2. 实验操作

实验操作是在有实验准备的基础上对实验的实施和对实验现象及数据的记录过程。参加实验者要自觉遵守实验室规则。实验前应检查实验仪器编号与座位号是否相同，仪器设备不能随意搬动调换。非本次实验所用的仪器设备，未经老师允许不能动用。严禁带电接线、拆线或改接线路。

实验过程中应根据实验内容和实验方案，选择合适的电路板和集成芯片，连接实验电路和测试电路。实验中的操作需要遵守如下原则：

（1）检查电路及导线的好坏。连接实验电路前，应对仪器设备进行必要的检查，用万用表测量导线是否导通；对所用集成电路，采用连接简单电路的方法进行功能测试。

（2）连接电路时，应遵循先接线后通电的布线规则；实验结束后，应遵守先断电再拆线的布线规则。

（3）检查电路中出现的故障。在很多情况下，往往接完线通电后电路不能实现预定的功能，这个时候就必须作故障排查。如果发生焦味、冒烟等严重故障，则应立即切断电源，保护现场，并报告指导老师和实验室工作人员，等待处理。

在实验过程中，如果出现故障，需要自己查找故障并解决问题。产生故障的原因大致可以归纳以下 4 个方面：操作不当（如布线错误等）；设计不当（如电路出现险象等）；元器件使用不当或功能不正常；仪器、集成器件以及开关器件本身出现故障。下面介绍几种常见的故障检查方法。

① 查线法。由于在实验中大部分故障都是由于布线错误引起的，因此，在故障发生时，复查电路连线是排除故障的有效方法。应着重注意：导线是否导通，有无漏线、错线，导线与插孔接触是否可靠，集成电路是否插牢、是否插反、是否完好等。

② 观察法。用万用表直接测量各集成块的 V_{cc} 端是否加上电源电压；输入信号、

时钟脉冲等是否加到实验电路上，观察输出端有无反应。重复测试观察故障现象，然后对某一故障状态，用万用表测试各输入/输出端的直流电平，从而判断出是否是插座板、集成块引脚连接线等原因造成的故障。

③ 信号注入法。在电路的每一级输入端加上特定信号，观察该级的输出响应，从而确定该级是否有故障，必要时可以切断周围连线，避免相互影响。

④ 信号寻迹法。在电路的输入端加上特定信号，按照信号流向逐级检查是否有响应和是否正确，必要时可多次输入不同信号。

⑤ 替换法。对于多输入端器件，如有多余端则可调换另一输入端试用。必要时可更换器件，以检查器件功能不正常所引起的故障。

⑥ 动态逐线跟踪检查法。对于时序电路，可输入时钟信号，然后按信号流向依次检查各级波形，直到找出故障点为止。

⑦ 断开反馈线检查法。对于含有反馈线的闭合电路，应该设法断开反馈线进行检查，或进行状态预置后再进行检查。

以上检查故障的方法，是指在仪器工作正常的前提下进行的，如果实验时电路功能测不出来，则应首先检查供电情况。若电源电压已加上，便可把有关输出端直接接到 0-1 显示器上检查。若逻辑开关无输出，或单次 *CP* 无输出，则是开关接触不好或是内部电路坏了，一般就是集成器件坏了。需要强调指出，实验经验对于故障检查是大有帮助的，但只要充分预习，掌握基本理论和实验原理，就不难用逻辑思维的方法较好地判断和排除故障。

（4）仔细观察实验现象，做好实验记录。实验记录是实验过程中获得的第一手资料，所以记录必须清楚、合理、正确。若发现不正确，要现场及时重复测试，找出原因。实验记录应包括如下内容：

① 实验任务、实验名称及实验内容。

② 实验数据和波形以及实验中出现的现象，从记录中应能初步判断实验的正确性。

③ 记录波形时，应注意输入、输出波形的时间相位关系，在座标中上下对齐。

④ 实验中实际使用的仪器型号和编号以及元器件使用情况。

（5）实验完毕，关断电源，拆除连线，整理好放在实验箱内，并将实验台清理干净、摆放整洁。

3. 实验现象和数据的分析

在实验操作结束后，应对所记录的实验现象和数据进行整理和分析，并由此得出实验结果。将实验结果与理论进行比较，对实验结果的好坏做出评述，以判断实验是成功还是失败，总结实验的经验、体会和教训，最后写出一份实验报告。

实验报告应包括实验目的、实验使用仪器和元器件、实验内容和实验结果以及分析讨论等，其中实验内容和实验结果是报告的主要部分，具体内容如下：

（1）实验内容的方框图、逻辑图（或测试电路）、状态图、真值表以及文字说明等，对于设计性实验，还应有整个设计过程和关键的设计技巧说明。

（2）对实验操作过程中的所有记录进行整理，并且有条理地在实验报告上一一列出；对所有记录的实验现象和数据进行处理、计算和分析；将得出的实验结果与理论进行对比。

（3）对实验中所遇到的各种问题进行讨论和分析，总结和归纳实验结果，写出实验体会。其中可涉及对理论的理解，对某一电路功能的概括和总结，仪器使用方法和操作技巧以及解决某一问题受到的启示，或对实验的改进意见。对这部分的内容不做统一的要求，各人可根据自己的情况和感受来写。

1.4　实验报告的编写和要求

实验报告是学生进行实验的全过程的总结，它既是完成教学的凭证，也是今后编写其他工程（实验）报告的参考资料。因此，实验报告要求文字简洁、工整，曲线图表清晰，实验结论要有科学根据和分析。

实验报告应包含以下内容：

（1）实验目的，明确实验任务。

（2）实验仪器设备及实验器材。记录实验中使用的仪器的名称、型号、规格和数量。

（3）实验原理。

（4）实验内容（简单步骤）及原始数据。

（5）数据处理和误差分析。

（6）结果的分析讨论。

（7）回答思考题。

第2章　模拟电子技术实验

2.1　常用电子仪器的使用

2.1.1　实验目的

（1）掌握万用表和示波器的使用方法。
（2）掌握函数信号发生器和晶体管毫伏表的使用方法。
（3）掌握数字实验箱的使用方法。

2.1.2　实验仪器与设备

（1）模拟电路实验箱 1 台；
（2）直流稳压电源 1 台；
（3）双踪示波器 1 台；
（4）函数信号发生器 1 台；
（5）电子毫伏表 1 只；
（6）数字万用表 1 只。

2.1.3　实验原理

电子电路实验中，经常使用的电子仪器有示波器、函数信号发生器、直流稳压电源和交流毫伏表等，它们和万用表一起，可以完成对电子电路的静态和动态工作情况的测试。

实验中对各种电子仪器的综合使用，可按照信号流向，以连线简捷、调节顺手、观察与读数方便等原则进行合理布局，各仪器与被测实验装置之间的布局与连接如图 2.1.1 所示。接线时应注意，为防止外界干扰，各仪器的公共接地端应连接在一起，称共地。信号源和交流毫伏表的引线通常用屏蔽线或专用电缆线，示波器接线使用专用电缆线，直流电源的接线用普通导线。

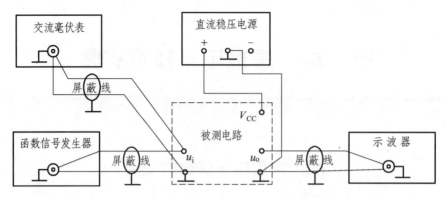

图 2.1.1 电子电路中常用电子仪器布局图

下面对电子电路中常用电子仪器的使用作简单说明。

1. 数字万用表

电子技术实验选用的万用表为 EONE VC104 型数字万用表。它是一款工程专用的万用表,具有 TTL 逻辑笔及检流计/温度测量与火线判别功能,如图 2.1.2 所示。

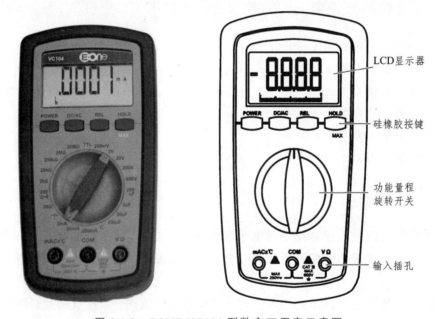

图 2.1.2 EONE VC104 型数字万用表示意图

1)EONE VC104 型数字万用表的使用方法

(1)轻触 POWER 键,听到"嘀"声松开按键,此时 LCD 全显一次转为正常显示,观察显示器上是否有符号 ⊟ 出现,如有说明电池电压已经低于正常值,不确定度将会受到影响,此时应及时更换电池,有时电池电压过低不能开机。

(2)检查表笔是否接触良好,表笔探棒与电线连接部位绝缘是否良好,表笔插座及量程位置是否有误。

（3）本机有 10 min 自动关机功能，使用中当量程改变或按键动作，自动关机顺延 10 min，关机前 6 s 有蜂鸣提示，电压量程输入超过 2 V 和测频不会自动关机。

（4）关断电源时，轻触 POWER 键超过 2 s，听到"嘀"声松开按键即可（关机时其它按键不能按下）。

2）电压测量/火线判别（如图 2.1.3 所示）

（1）测量前请确定测量直流还是交流，然后通过旋转量程开关来选择数字万用表的对应挡位，交流状态时 LCD 显示"AC"符号。

（2）红表笔插在"V/Ω"端，黑表笔插在"COM"端。

（3）将红、黑表笔并联到被测线路中，读取显示值。红表笔所接该点为负时，LCD 显"−"符号（直流正或交流不显示）。

（4）火线判别：在 ACV 400 V/600 V 挡，操作者用手紧握黑色表笔线，同时将红色表笔探针插入被测火线端点，若蜂鸣发声三次，则红色表笔所触及端点为火线端。当被测两端都没反应且 LCD 显示感应电压小于 4 V 时，可将黑色表笔线在手中多缠绕几圈；若仍无感应电压，则表明火线断路。

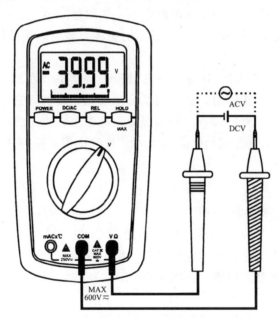

图 2.1.3　电压测量/火线判别示意图

注意事项：

当被测电压高于 600 V AC/DC 时，蜂鸣器会发声报警。交流电压挡或直流电压挡（<40 V 量程）在开路状态下有数字显示是正常的，不影响测量。

当瞬间高压>1 000 V DC/AC 时（600 V 挡），LCD 会显示"OL"。

3）电流测量

（1）测量前请确定测量直流还是交流，然后通过 DC/AC 按键来选择数字万用表的对应挡位，交流状态时 LCD 显示"AC"符号。

（2）根据测量范围，通过旋转开关选择量程。

（3）红表笔插在"mA"端输入孔，黑表笔插在"COM"端。

（4）如果事先未知电流大小范围，请先选择最大量程（200 mA），然后再衰减量程。

（5）将红、黑表笔串联到被测线路中，读取显示值。红表笔所接该点为负时，LCD 显"－"符号。

注意事项：

当量程选择在 mA 挡而表笔错插在 V/Ω 输入孔时，数字万用表将无法测量。在每次测量结束后应及时将表笔插在 V/Ω 位置，避免下次误操作损坏仪表。测量 100 mA 电流时，测量时间不应超过 20 s。

4）电阻测量

（1）旋转开关选择电阻量程挡。

（2）将红表笔插入 V/Ω 输入端，黑表笔插入 COM 输入端。

（3）将红、黑表笔跨接在被测电阻两端，读取显示值。

（4）在小电阻测量时，可以选择 REL 功能将引线电阻消除再测量。

注意事项：

测量中如果显示"OL"，则应选择高量程进行测量，在测量高于 1 MΩ 的电阻时，读数需数秒时间才能稳定，这在测量高阻时是正常的。在电阻量程挡范围内不要误测到电源上，以免损坏仪表。如果误测到电源上，则 LCD 显示 OL，此时应马上停止测量。在 40 Ω 量程起始电阻较大时，虽然按相对值方式能消除，但会影响高端测量不确定度。

5）通断测试

（1）旋转开关选择 400 Ω 挡。

（2）红表笔插入 V/Ω 输入端，黑表笔插入 COM 输入端。

（3）进行通断测试时，如果有蜂鸣声发出，说明红黑表笔间的阻值小于 70 Ω；如果测试值在临界状态，蜂鸣会再次发声。

注意事项：

请勿在此挡测电压信号。通断测试时，表笔一定要可靠接触，否则会有错误判断。如果测试线路，则被测线路必须断开电源，所连电容必须放电。

6）二极管测试（如图 2.1.4 所示）

（1）旋转开关置 ➔ 挡。

（2）将红表笔插入 V/Ω 输入端，黑表笔插入 COM 输入端（红表笔极性为正）。

注意：

先用红表笔连接二极管正极测试，应显示二极管正向压降的近似值；如果显示 OL，则再用黑表笔连接二极管测试，此时仪表如果仍显示 OL，则说明被测二极管是坏的。

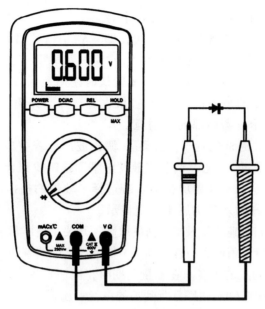

图 2.1.4　二极管测试示意图

7）电容测量

（1）旋转开关选择电容挡。

（2)将红表笔插入 mA °C Cx 输入端,黑表笔插入 COM 输入端(表笔均无极性)。

（3）将红、黑表笔跨接在被测电容两引腿端，读取显示值。测大电容时，读数需数秒时间才能稳定。

（4）如果被测电容的电容值超过所选择量程，会显示"OL"，此时应选择高量程进行测试。

注意事项：

测大电容前，电容必须放电，否则会影响测量精度并可能损坏仪表。在 400 μF 档，测量短路时，LCD 显示闪烁或不显示 OL，表示电池不能提供足够的测试电流，400 μF 以上的大电容测量将不准确或无法测量。此表不适用测量模拟电容量。

2．示波器

示波器是一种能直观、精确地显示被测信号变化曲线的综合性电子测量仪器。利用示波器能观察各种不同信号幅度随时间变化的波形曲线，还可以用它测试各种不同的电量，如电压、电流、频率、相位差、幅度等。示波器的种类很多，根据不同的使用方法与结构有许多类型，例如单踪、双踪、四踪示波器；超低频、低频、高频示波器；模拟示波器和数字示波器。

1）普通双踪示波器的基本操作

（1）寻找扫描光迹。将示波器 Y 轴显示方式置"Y_1"或"Y_2"，输入耦合方式置"GND"，开机预热后，若在显示屏上不出现光点和扫描基线，可按下列操作去找到扫描线：① 适当调节亮度旋钮；② 触发方式开关置"自动"；③ 适当调节垂直、水平"位移"旋钮，使扫描光迹位于屏幕中央。

（2）双踪示波器一般有 5 种显示方式，即"Y_1""Y_2""Y_1+Y_2"三种单踪显示方式和"交替""断续"两种双踪显示方式。"交替"显示一般在输入信号频率较高时使用，"断续"显示一般在输入信号频率较低时使用。

（3）为了显示稳定的被测信号波形，"触发源选择"开关一般选为"内"触发，使扫描触发信号取自示波器内部的 Y 通道。

（4）触发方式开关通常先置于"自动"，调出波形后若被显示的波形不稳定，可置触发方式开关于"常态"，通过调节"触发电平"旋钮找到合适的触发电压，使被测试的波形稳定地显示在示波器屏幕上。若选择了较慢的扫描速率，显示屏上将会出现闪烁的光迹，这样的现象仍属于稳定显示。

（5）适当调节"扫描速率"及"Y 轴灵敏度"开关，使屏幕上显示 1~2 个周期的被测信号波形。在测量幅值时，应注意将"Y 轴灵敏度微调"旋钮置于"校准"位置，即顺时针旋到底且听到关的声音。在测量周期时，应注意将"X 轴扫速微调"旋钮置于"校准"位置，即顺时针旋到底且听到关的声音。还要注意"扩展"旋钮的位置。

根据被测信号波形在屏幕坐标刻度上垂直方向所占的格数（div 或 com）与"Y 轴灵敏度"开关指示值（V/div）的乘积，即可算得信号幅值的实测值。

根据被测信号波形一个周期在屏幕坐标刻度水平方向所占的格数（div 或 com）与"扫速"开关指示值（t/div）的乘积，即可算得信号周期的实测值。

2）固纬 GOS-6031 型示波器基本操作

固纬 GOS-6031 型示波器如图 2.1.5 所示，主要面板设定都会显示在屏幕上。LED 位于前板，用于辅助和指示附加资料的操作。不正确的操作或将控制钮转到底时，蜂鸣器都会发出警讯。所有的按钮 TIME/DIV 控制钮都是电子式选择，它们的功能和设定都可以被存储。前面板分成 4 大部分：垂直控制（Vertical），水平控制（Horizontal），触发控制（Trigger）和显示器控制（Controller）。

图 2.1.5　固纬 GOS-6031 型示波器示意图

（1）垂直控制。

垂直控制面板如图 2.1.6 所示，垂直控制按钮用于选择输出信号及控制幅值。

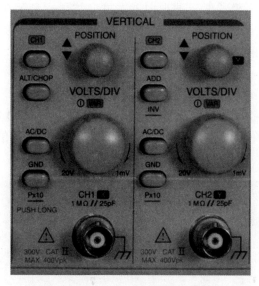

图 2.1.6　垂直控制面板示意图

CH1，CH2：通道选择。

POSITION：调节波形垂直方向的位置。

ALT/CHOP：ALT 为 CH1/CH2 双通道交替显示方式，CHOP 为断续显示模式。

ADD-INV：ADD 为双通道相加显示模式，此时，两个信号将成为一个信号显示。INV 为反向功能按钮，按住此钮几秒后，使 CH2 信号反向 180° 显示。

VOLTS/DIV：波形幅值挡位选择旋钮，顺时针方向调整旋钮，以 1—2—5 顺序增加灵敏度，反时针则减小。挡位可从 1 mV/DIV ~ 20 V/DIV 之间选择，调节时挡位显示在屏幕上，按下此旋钮几秒后，可进行微调。

AC/DC：交直流切换按钮。

GND：按下此钮，使垂直信号的输入端接地，接地符号"廾"显示在 LCD 上。

（2）水平控制。

水平控制面板如图 2.1.7 所示。

POSITION：信号水平位置调节旋钮，将信号水平方向移动。

TIME/DIV-VAR：波形时间挡位调节旋钮，顺时针方向调整旋钮，以 1—2—5 顺序增加灵敏度，反时针则减小。挡位可在 0.5 s/DIV ~ 0.2 µs/DIV 之间选择，调节时挡位显示在屏幕上。按下此旋钮几秒后，可进行微调。

图 2.1.7　水平控制面板示意图

×1/MAG：按下此钮，可在×1（标准）和 MAG（放大）之间切换。

MAG FUNCTION：当×1/MAG 按钮位于放大模式时，有×5/×10/×20 三个挡次的放大率。处于放大模式时，波形向左右方向扩展，显示在屏幕中心。

ALT MAG：按下此钮，可以同时显示原始波形和放大波形，放大波形在原始波形下面 3DIV（格）距离处。

（3）触发控制。

触发控制面板如图 2.1.8 所示。

ATO/NM 按钮及指示 LED：此按钮用于选择自动（AUTO）或一般（NORMAL）触发模式。通常选择使用 AUTO 模式，当同步信号变成低频信号（25 Hz 或更少）时，使用 NOMAL 模式。

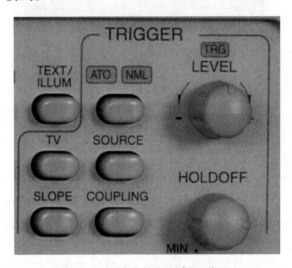

图 2.1.8　触发控制面板示意图

SOURCE：此按钮选择触发信号源，当按下该钮按时，触发源以下列顺序改变 VERT—CH1—CH2—LINE—EXT—VERT。其中，VERT（垂直模式）：触发信号轮流取至 CH1 和 CH2 通道，通常用于观察两个波形；CH1：触发信号源来自 CH1 的输入端；CH2：触发信号源来自 CH2 的输入端；LINE：触发信号源从交流电源取样波形获得；EXT：触发信号源从外部连接器输入，作为外部触发源信号。

TRIGGER LEVEL：带有 TRG LED 的控制钮，通过旋转该旋钮调节触发稳定波形。触发条件符合时，TRG LED 亮。

HOLD OFF：当信号波形复杂时，使用 TRIGGER LEV 将无法获得稳定的触发，此时可以通过旋转该旋钮调节 HOLD-OFF 时间（禁止触发周期超过扫描周期）。当该旋钮顺时针旋到头时，HOLD-OFF 周期最小，反时针旋转时，HOLD-OFF 周期增加。

（4）显示器控制。

显示器控制面板如图 2.1.9 所示。

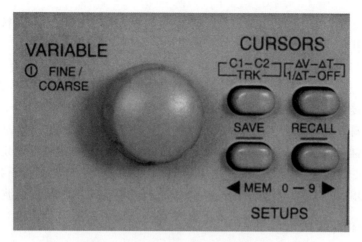

图 2.1.9 显示器控制面板示意图

显示器控制面板用于调整屏幕上的波形，提供探棒补偿的信号源。

POWER：电源开关。

INTEN：亮度调节。

FOCUS：聚焦调节。

TEXT/ILLUM：用于选择显示屏上文字或刻度的亮度，该功能和 VARIABLE 按钮有关，调节 VARIABLE 按钮可控制读值或刻度亮度。

CURSORS：光标测量功能。在光标模式中，按 VARIABLE 控制钮可以在 FINE（细调）和 COARSE（粗调）两种方式下调节光标快慢。

$\Delta V - \Delta T - 1/\Delta T - OFF$ 按钮：当此按钮按下时，三个量测功能将以下面的次序选择。

ΔV：出现两个水平光标，根据 VOLTS/DIV 的设置，可计算两条光标之间的电压，ΔV 显示在 CRT 上部。

ΔT：出现两个垂直光标，根据 TIME/DIV 设置，可计算出两条垂直光标之间的时间，ΔT 显示在 CRT 上部。

$1/\Delta T$：出现两个垂直光标，根据 TIME/DIV 设置，可计算出两条垂直光标之间时间的倒数，$1/\Delta T$ 显示在 CRT 上部。

C1-C2-TRK 按钮：光标 1、光标 2、轨迹可由此钮选择，按此钮将以下面次序选择光标。

C1：使光标 1 在 CRT 上移动（▼或▲符号被显示）。

C2：使光标 2 在 CRT 上移动（▼或▲符号被显示）。

TRK：同时移动光标 1 和 2，保持两个光标的间隔不变。（两个符号都被显示）

VIRABLE：通过旋转或按 VARIABLE 按钮，可以设定光标位置，TEXT/ILLUM 功能。在光标模式中，按 VARIABLE 控制钮可以在 FINE（细调）和 COARSE（粗调）之间选择光标位置，如果旋转 VARIABLE，选择 FINE 调节，光标移动得慢；选择 COARSE 光标移动得快。

SAVE/RECALL：此仪器包含 10 组稳定的记忆器，可用于储存和呼叫所有电子式选择钮的设定状态。按住 SAVE 按钮约 3 s 将状态存贮到记忆器，按住 RECALL 钮 3 秒钟即可呼叫先前设定状态。

使用固纬 GOS-6031 模拟示波器时，首先打开电源开关，选择合适的触发控制（如：ATO），选择输入通道（CH1，CH2）、触发源（Trigger Source）和交直流信号（AC/DC）。接入信号后，使用 INTEN 调节波形亮度，使用 FOCUS 调节聚焦，用 POSITION 调节垂直和水平位置；用 VOLTS/DIV 调节波形 Y 轴档位，用 TIME/DIV 调节波形 X 轴档位，调节 TRIGGER LEVEL 和 HOLD OFF 使波形稳定。

在用示波器双通道观察波形相位关系时，CH1 和 CH2 要首先按下接地（GND），调节垂直 POSITION，使双通道水平基准一致，然后弹起 GND 再观察波形相位关系。

3. 函数信号发生器

在电参数测试过程中，经常要用到各种频率、波形、幅值的信号源，能提供已知的波形、频率、幅值等特性信号的电子仪器，称为函数信号发生器。函数信号发生器能直接产生正弦波、方波和三角波，在电子电路实验和设备检测中具有十分广泛的用途。

下面介绍 DF1641A 型函数发生器的使用方法。

（1）输出波形：按下 FUNCTION 开关，可以按需要输出正弦波、三角波和方波。

（2）输出电压控制：在"输出衰减开关"和"输出幅度调节"电位器控制下，最大输出电压可达 $20V_{p-p}$（峰峰值）。可以在伏、毫伏及 0.1 毫伏级上均匀调节。

（3）输出频率控制：函数发生器的频率可以在 1 Hz ~ 2 MHz 之间通过"分档开关"和"频率调节"旋钮调节。读数显示在数字屏上。

函数信号发生器作为信号源，它的输出端不允许短路。

4. 晶体管毫伏表

（1）晶体管毫伏表只能测量正弦交流电压在 1 mV ~ 300 V 范围内的有效值。如果输入信号中包含有直流成分，交流毫伏表则仅指示其中的正弦交流成分有效值。（如果输入信号不是正弦波，其读数不能作为有效值读取。）

（2）SX2172 晶体管毫伏表的工作频率范围为 5 Hz ~ 2 MHz，输入阻抗为 8 MΩ/40 pF，测量误差不超过各量程满度值的 ±2%。

（3）测量前，一般先把量程开关置于量程较大位置上，然后在测量中逐步减小量程，以免超过满刻度将表针打坏。一般仪表指针指示在满刻度 2/3 附近测量精度较高。

5. 数字电子实验台

LTE-DC-03B 型数字电子实验台如图 2.1.10 所示。实验台包括频率计、信号源、A/D 和 D/A 模块、DIP-40 芯片座、显示区、电源区、常用实验芯片座区、常用元器件区、逻辑电平输出区、电位器区、蜂鸣器及两位数码管显示区。

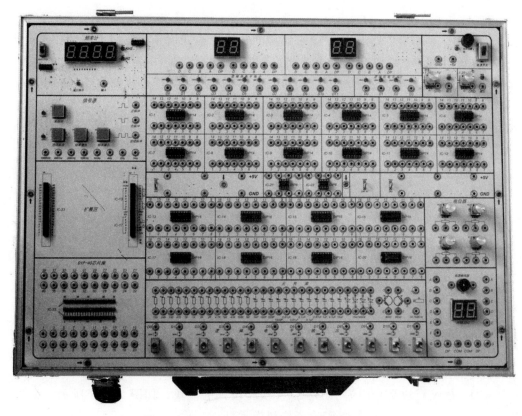

图 2.1.10 LTE-DC-03B 型数字电子实验台

1）频率计区

频率计区的主要功能是测试频率，如图 2.1.11 所示。频率计测试频率范围为 0 ~ 9 999 kHz。从输入口输入信号，频率计上会显示所测频率。若 Hz 指示灯亮，则所测信号频率的单位为 Hz；若 kHz 指示灯亮，则所测信号频率的单位为 kHz。

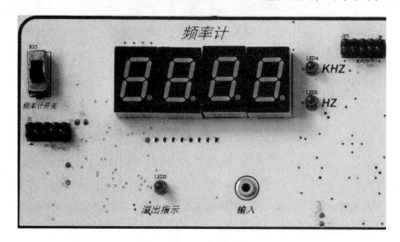

图 2.1.11 频率计区

2）信号源区

信号源区如图 2.1.12 所示，其主要功能是输出脉冲信号，包括单脉冲、连续脉冲、固定脉冲三类。单脉冲有正脉冲和负脉冲。连续脉冲可以输出连续不断的脉冲，按频率增加和频率减小按钮可以改变输出的频率。固定脉冲可以输出 1 Hz、2 Hz、4 Hz、1 kHz、10 kHz、20 kHz 和 100 kHz 的固定脉冲。

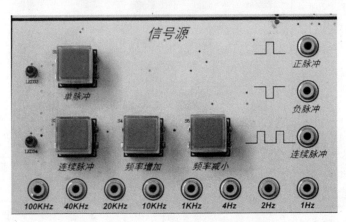

图 2.1.12　信号源区

3）A/D 和 D/A 模块

A/D、D/A 模块是专门为 A/D、D/A 实验设计的模块，如图 2.1.13 所示。A/D、D/A 模块包括串口接口、各类实验芯片和指示灯。

图 2.1.13　A/D、D/A 模块

4）DIP-40 芯片座

DIP-40 芯片座是为单片机、存储器实验等预留的芯片座，以方便学生完成各类综合性实验，如图 2.1.14 所示。

图 2.1.14 DIP-40 芯片座

5）显示区

显示区包括 4 个八段数码管和发光二极管构成的指示灯，如图 2.1.15 所示。八段数码管只要输入 4 位二进制数 DCBA 就能显示 0 ~ 9 十个数字，DP 是小数点。指示灯包括 12 个高电平指示灯和 4 个低电平指示灯，可以用来检查电路中的逻辑状态。

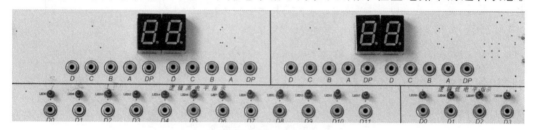

图 2.1.15 显示区

6）电源区

电源区包括电源开关和两个 1.25 ~ 5 V 的直流电源，如图 2.1.16 所示。通过旋动旋钮，可以改变直流电源输出的电压。除此以外，还有 GND 和 + 5 V 电源，可以输出 + 5 V 的直流电源。

图 2.1.16 电源区

7）常用实验芯片座区

常用实验芯片座区布置了数字逻辑实验需要的常用芯片，本实验台布置的芯片如图 2.1.17 所示。

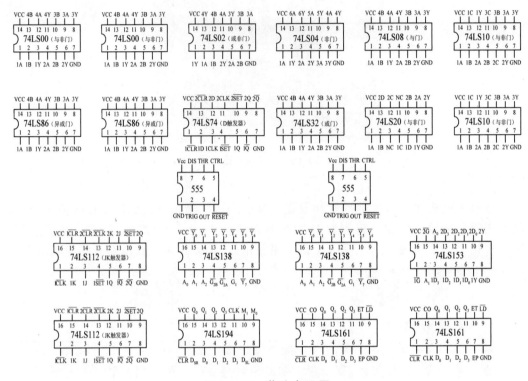

图 2.1.17　芯片布置图

常用实验芯片座区布置了两片二输入端与非门 74LS00，一片二输入端或非门 74LS02，一片非门 74LS04，一片二输入端与门 74LS08，两片三输入端与非门 74LS10，两片异或门 74LS86，一片边沿 D 触发器 74LS74，一片二输入端或门 74LS32，一片四输入端与非门 74LS20，两片 555 定时器，两片主从 JK 触发器 74LS112，两片三线-八线译码器 74LS138，一片双四选一数据选择器 74LS153，一片四位移位寄存器 74LS194 和两片四位同步计数器 74LS161，一共 22 片芯片。

8）常用元器件区

常用元器件区包括各种规格的电阻、电容、二极管和三极管，如图 2.1.18 所示。电阻有 100 Ω，200 Ω，300 Ω，470 Ω，1 kΩ，1 kΩ，2 kΩ，2 kΩ，4.7 kΩ，10 kΩ，47 kΩ，100 kΩ，1 MΩ，共 13 个。电容有 30 pF，100 pF，220 pF，1 000 pF，0.01 μF，0.01 μF，0.1 μF，0.1 μF，0.47 μF，1 μF，4.7 μF，10 μF 共 12 个独石电容。4 个 IN4148 二极管。2 个三极管，一个为 8050NPN 型三极管，一个为 8055PNP 型三极管。

图 2.1.18　常用元器件区

9）逻辑电平输出区

逻辑电平输出区包含 12 个开关，开关打在上面输出为高电平，开关打在下面输出为低电平，如图 2.1.19 所示。

图 2.1.19　逻辑电平输出区

10）电位器区，蜂鸣器及两位数码管显示区

如图 2.1.20 所示，电位器区包括 4 个滑动变阻器，分别为 1 kΩ，10 kΩ，100 kΩ，1 MΩ。蜂鸣器及两位数码管显示区包含一个蜂鸣器和两个共阳极数码管，数码管不含显示译码器，数码管的每一个段都可以通过 A、B、C、D、E、F、G 输入低电平点亮。DP 控制小数点，低电平点亮。COM 为公共端子，应接入高电平。

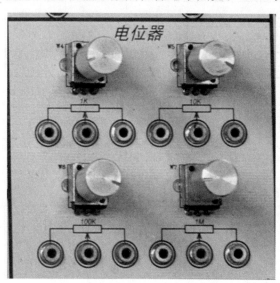

图 2.1.20　电位器区和蜂鸣器及两位数码管显示区

2.1.4　实验内容与步骤

（1）用万用表的欧姆挡（$R \times 1\,\text{k}$ 或 $R \times 100\,\text{k}$）检查二极管的好坏，并判断二极管的正负极性。

（2）用示波器、交流毫伏表测量正弦波信号参数。

调节函数信号发生器，使输出频率分别为 100 Hz、1 kHz、10 kHz、100 kHz 的正弦波信号。示波器只需按下『Auto Set』键，即可扫描到波形；按下『Measure』键，即可在屏幕上读出波形的频率、电压峰-峰值和有效值等参数。测量函数信号发生器输出信号源的频率、电压峰-峰值和有效值，记入表 2.1.1 中。

将信号源输出有效值调为 $U_{rms} = 1$ V.

表 2.1.1

正弦波信号频率	毫伏表读数/V	示波器测量值		
		周期/ms	频率/Hz	峰-峰值 V_{PP}/V
100 Hz				
1 kHz				
10 kHz				

（3）用示波器、交流毫伏表测量不同幅度的正弦电压。

EE1411 函数信号发生器输出信号频率为 1 000 Hz 的正弦波。输入不同电压值的信号，测出相关电压值，填入表 2.1.2 中。

表 2.1.2

函数信号发生器峰-峰值 V_{PP}/mV	300	500	1 000	2 000	4 000
交流毫伏表测量/mV					
示波器测量/mV					

（4）几种周期性信号的幅值、有效值及频率的测量。

调节函数信号发生器，使它的输出信号波形分别为正弦波、方波和三角波，信号的频率为 2 kHz，电压峰-峰为 2 V，用示波器测量其周期和峰-峰值，计算出频率和有效值，记入表 2.1.3 中。

表 2.1.3

信号波形	信号发生器输出频率/幅值 V_{PP}	交流毫伏表测量值/V	示波器测量值		计算值
			周期 T/ms	峰-峰值 V_{PP}/V	有效值 U/V
正弦波	2 kHz/2 V				
三角波	2 kHz/2 V				
方 波	2 kHz/2 V				

注：正弦波有效值 $U = V_{PP}/(2 \times 1.41)$
三角波有效值 $U = V_{PP}/(2 \times 1.73)$
方波有效值 $U = V_{PP}/2$

2.1.5 预习与思考

（1）如何在示波器显示屏上观察到稳定、清晰的波形？

（2）函数信号发生器有哪几种输出波形？它的输出端能否短接？如果用屏蔽线作为输出引线，则屏蔽层一端应该接在哪个接线柱上？

2.1.6 实验报告

（1）整理实验数据并进行分析与讨论。

（2）回答预习中提出的问题。

2.2 晶体管共射极单管放大电路

2.2.1 实验目的

（1）掌握放大电路静态工作点的调试方法，分析静态工作点对放大电路性能的影响。

（2）掌握放大电路电压放大倍数、输入电阻、输出电阻及最大不失真输出电压的测试方法。

（3）熟悉常用电子仪器及模拟电路实验设备的使用。

2.2.2 实验仪器与设备

（1）直流稳压电源；

（2）双踪示波器；

（3）函数信号发生器；

（4）模拟电路实验箱；

（5）交流毫伏表；

（6）数字电压表；

（7）单管放大电路的实验电路板。

2.2.3 实验原理

实验电路如图 2.2.1 所示，偏置电路采用 R_{b1} 和 R_{b2} 组成的分压电路，发射极中接电阻 R_e，以稳定放大电路的静态工作点，电位器 R_P 用来调整放大电路的静态工作点。当放大电路的输入端加入小信号 u_i 后，在放大电路的输出端得到一个与 u_i 相位相反、幅值被放大了的输出信号 u_o，实现了电压放大。

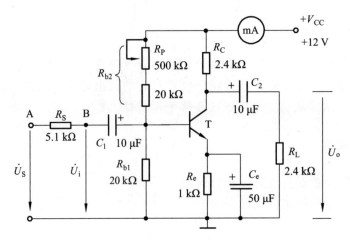

图 2.2.1　共射极单管放大电路

1. 静态工作点的估算

计算静态工作点时，首先要画出直流通路（电容开路）。在如图 2.2.1 所示电路中，当流过偏置电阻 R_{b1} 和 R_{b2} 的电流远大于流过晶体管 T 的基极电流 I_B 时，可忽略 I_B，得到下列公式：

$$V_B \approx \frac{R_{b1}}{R_{b1}+R_{b2}} V_{CC} \tag{2.2.1}$$

$$I_C \approx I_E = \frac{V_B - U_{BE}}{R_e} \tag{2.2.2}$$

$$I_B = \frac{I_C}{\beta} \tag{2.2.3}$$

$$U_{CE} \approx V_{CC} - I_C(R_C + R_e) \tag{2.2.4}$$

2. 动态参数分析

计算交流小信号性能指标时，应首先画出交流通路（电容短路，直流电压源短路）。共发射极放大电路的交流参数主要有电压放大倍数 A_u、输入电阻 R_i 和输出电阻 R_o。

1）电压放大倍数 A_u

$$A_u = \frac{U_o}{U_i} = -\beta \frac{R_L'}{r_{be}} \tag{2.2.5}$$

式中负号表示输出电压与输入电压的相位是相反的。其中 $R_L' = R_c /\!/ R_L$，r_{be} 为晶体管的动态输入电阻。

$$r_{be} = 300 + (1+\beta)\frac{26(\text{mV})}{I_E(\text{mA})} \tag{2.2.6}$$

r_{be} 的单位是 Ω。

2）输入电阻

放大电路对信号源而言相当于一个电阻，称为输入电阻，用 R_i 表示。

$$R_i = \frac{U_i}{I_i} \approx r_{be} \qquad (2.2.7)$$

3）输出电阻

放大电路对负载而言相当于一个具有内阻的电压源，该电压源的内阻定义为放大电路的输出电阻，用 R_o 表示。

$$R_o \approx R_c \qquad (2.2.8)$$

3. 静态工作点的测量和调试

1）静态工作点的测量

放大电路静态工作点的测量，是在不加交流信号的情况下，用万用表的直流电压档分别测量放大电路的直流电位 V_B、V_C 和 V_E，电路如图 2.2.1 所示。此外，可用 $I_C \approx I_E = U_E / R_e$ 算出 I_C。

2）静态工作点的调试

静态工作点是否合适，对放大电路的性能和输出波形都有很大影响。若静态工作点 Q 选得太高，易引起饱和失真，u_o 的负半周将出现平顶，如图 2.2.2（a）所示；若静态工作点 Q 选得太低，又容易引起截止失真，u_o 的正半周将出现平顶，如图 2.2.2（b）所示。如果测得 $U_{CEQ} < 0.5\ V$，说明三极管已饱和；如果测得 $U_{CEQ} \approx V_{CC}$，则说明三极管已截止。静态工作点的位置与电路参数有关。当电路参数确定之后，静态工作点的调整主要是通过调节电位器 R_P 来实现的。R_P 调小，静态工作点增高；R_P 调大，静态工作点降低。一般 I_E 为毫安数量级；作为一个估算，V_C 可取电源电压的一半左右。

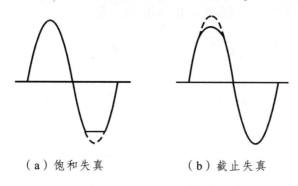

（a）饱和失真　　　　（b）截止失真

图 2.2.2　静态工作点对 u_o 波形失真的影响

4. 放大电路的动态参数测试

1）电压放大倍数 A_u 的测量

调整放大电路到合适的静态工作点，然后加入输入信号 u_i，在输出电压 u_o 不失真的情况下，用交流毫伏表测出 u_i 和 u_o 的有效值 U_i 和 U_o，则

$$|A_u| = \frac{U_o}{U_i} \qquad\qquad (2.2.9)$$

2）输入电阻 R_i 的测量

测量放大电路输入电阻的电路如图 2.2.3 所示,在被测放大器的输入端与信号源之间串入一已知电阻 R,在放大器正常工作的情况下,用交流毫伏表测出 U_s 和 U_i,则根据输入电阻的定义可得

$$R_i = \frac{U_i}{I_i} = \frac{U_i}{\dfrac{U_R}{R}} = \frac{U_i}{U_s - U_i} R$$

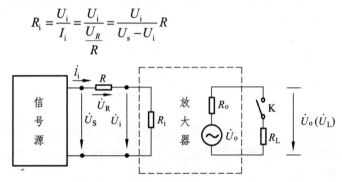

图 2.2.3　输入、输出电阻测量电路

测量时应注意下列几点:

① 由于电阻 R 两端没有电路公共接地点,所以测量 R 两端电压 U_R 时必须分别测出 U_S 和 U_i,然后按 $U_R = U_S - U_i$ 求出 U_R 值。

② 电阻 R 的值不宜取得过大或过小,以免产生较大的测量误差,通常取 R 与 R_i 为同一数量级为好,本实验可取 $R = 1 \sim 2$ kΩ。

3）输出电阻 R_o 的测量

电路如图 2.2.3 所示,在放大电路正常工作的条件下,测出输出端不接负载 R_L 时的输出电压 U_o 和接入负载后的输出电压 U_L,根据

$$U_L = \frac{R_L}{R_o + R_L} U_o$$

即可求出

$$R_o = \left(\frac{U_o}{U_L} - 1 \right) R_L$$

在测试中应注意,必须保持 R_L 接入前后输入信号的大小不变。

4）最大不失真输出电压 U_{oPP} 的测量（最大动态范围）

为了得到最大动态范围,应将静态工作点调在交流负载线的中点。为此在放大电路正常工作情况下,逐步增大输入信号的幅度并同时调节 R_p（改变静态工作点）,用示波器观察 u_o,当输出波形同时出现正半周平顶和负半周平顶现象时,如图 2.2.4 所示,说明静态工作点已调在交流负载

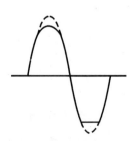

图 2.2.4　静态工作点正常,输入信号过大引起的失真

线的中点。然后调整输入信号，使波形输出幅度最大且无明显失真时，用交流毫伏表测出 U_o（有效值），则动态范围等于 $2\sqrt{2}U_o$。或用示波器直接读出 U_{OPP} 来。

2.2.4 实验内容与步骤

1. 安装电路

在"模拟电路实验箱"上使用电路模板组装共射单管放大电路，经检查无误后接通 +12 V 直流电源。

2. 测量并调试静态工作点

调节电位器 R_p 使电路满足要求（$I_E = 2$ mA）；用直流电压表测量 V_B、V_E、V_C，将测量值记入表 2.2.1 中。

表 2.2.1　数据记录表 1

	V_B/V	V_C/V	V_E/V	I_E/mA
测量值				（由测量值计算）
理论值				

3. 测量电压放大倍数

在放大电路的输入端加入频率为 1 kHz 的正弦信号 u_S，调节函数信号发生器的输出旋钮，使放大电路的输入电压 $U_i \approx 10$ mV，用双踪示波器观察放大电路的输入电压 u_i 波形和输出电压 u_o 波形，在波形不失真的条件下用交流毫伏表测量下述三种情况下的 U_o 值，将测量值及波形记入表 2.2.2 中。

表 2.2.2　数据记录表 2

R_C/kΩ	R_L/kΩ	U_o/V	A_u	观察记录一组 u_o 和 u_i 波形
2.4	∞			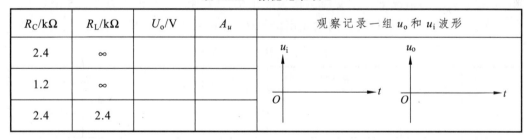
1.2	∞			
2.4	2.4			

4. 观察静态工作点对输出波形的影响

置 $R_C = 2.4$ kΩ，$R_L = 2.4$ kΩ，$u_i = 0$，调节 R_p 使 $I_C = 2.0$ mA，测出 U_{CE} 值；再逐步加大输入信号，使输出电压 u_o 足够大但不失真。然后保持输入信号不变，分别增大和减小 R_p，使波形出现失真，绘出 u_o 的波形，并测出失真情况下的 I_C 和 U_{CE} 值，记入表 2.2.3 中。每次测 I_C 和 U_{CE} 值时都要将信号源的输出旋钮旋至零。

表 2.2.3　数据记录表 3　　　　　　$U_i =$　　　　mV

I_C/mA	U_{CE}/V	u_o 波形	失真情况	管子工作状态
		u_o ↑ O ──────→ t		
		u_o ↑ O ──────→ t		
		u_o ↑ O ──────→ t		

5. 测量最大不失真输出电压

置 $R_C = 2.4\ \text{k}\Omega$，$R_L = 2.4\ \text{k}\Omega$，同时调节输入信号的幅度和电位器 R_p，用示波器和交流毫伏表测量 U_{oPP} 及 U_o 值，记入表 2.2.4 中。

表 2.2.4　数据记录表 4

I_C/mA	U_{im}/mV	U_{om}/V	U_{oPP}/V

6. 测量输入电阻和输出电阻

置 $R_C = 2.4\ \text{k}\Omega$，$R_L = 2.4\ \text{k}\Omega$，$I_C = 2.0\ \text{mA}$。输入 $f = 1\ \text{kHz}$ 的正弦信号，在输出电压 u_o 不失真的情况下，用交流毫伏表测出 U_S，U_i 和 U_L 并记入表 2.2..5 中。

保持 U_S 不变，断开 R_L，测量输出电压 U_o 并记入表 2.2.5 中。

表 2.2.5　数据记录表 5

U_S/mV	U_i/mV	R_i/kΩ		U_L/V	U_o/V	R_o/kΩ	
		测量值	计算值			测量值	计算值

2.2.5　预习与思考

（1）阅读教材中有关单管放大电路的内容并估算实验电路的性能指标。

假设：3DG6 的 $\beta = 100$，$R_{b1} = 20\ \text{k}\Omega$，$R_{b2} = 60\ \text{k}\Omega$，$R_C = 2.4\ \text{k}\Omega$，$R_L = 2.4\ \text{k}\Omega$。估算放大器的静态工作点、电压放大倍数 A_u、输入电阻 R_i 和输出电阻 R_o。

（2）能否用直流电压表直接测量晶体管的 U_{BE}？为什么实验中要采用测 V_B、V_E，再间接算出 U_{BE} 的方法？

（3）静态工作点设置偏高（或偏低）是否一定会出现饱和（或截止）失真？

（4）改变静态工作点对放大器的输入电阻 R_i 是否有影响？改变外接电阻 R_L 对输出电阻 R_o 是否有影响？

（5）在测试 A_u、R_i 和 R_o 时，怎样选择输入信号的大小和频率？为什么信号频率一般选 1 kHz，而不选 100 kHz 或更高？

2.2.6　实验报告

（1）列表整理测量结果，比较实测的静态工作点、电压放大倍数、输入电阻、输出电阻之值与理论计算值（取一组数据进行比较），分析产生误差的原因。

（2）讨论静态工作点变化对放大电路输出波形的影响。

（3）回答思考题。

2.3　差动放大电路

2.3.1　实验目的

（1）熟悉典型差动式放大电路的结构与组成，掌握差动放大电路零点调整和静态测试的方法。

（2）加深理解差动放大电路的工作原理和抑制零点漂移的方法。

（3）学习差动放大电路差模电压放大倍数和共模电压放大倍数的测试方法。

2.3.2　实验仪器与设备

（1）模拟电路实验箱 1 台；

（2）±12 V 直流电源；

（3）函数信号发生器 1 台；

（4）双踪示波器 1 台；

（5）交流毫伏表；

（6）数字万用表 1 只；

（7）差动放大电路的电路板 1 块。

2.3.3　实验原理

图 2.3.1 所示是差动放大电路的基本结构，它由两组元件参数完全相同的共射放大电路组成。当开关 K 拨向左边时，构成典型的差动放大电路。调零电位器 R_P 用来调节 T_1、T_2 管的静态工作点，使得输入信号 $U_i = 0$ 时，双端输出电压 $U_o = 0$。R_E 为两管共用的发射极电阻，它不影响差模电压放大倍数，但对共模信号有较强的抑

制能力，由于零点漂移等效于共模输入，所以发射极电阻 R_E 可以有效地抑制零点漂移，稳定静态工作点。

当开关 K 拨向右边时，构成具有恒流源的差动放大电路。它用晶体管恒流源代替发射极电阻 R_E，进一步提高差动放大电路对共模信号的抑制能力。

1. 静态工作点的估算

1）典型电路

$$I_E \approx \frac{|U_{EE}| - U_{BE}}{R_E} \quad (\text{认为 } U_{B1} = U_{B2} \approx 0)$$

$$I_{C1} = I_{C2} = \frac{1}{2} I_E$$

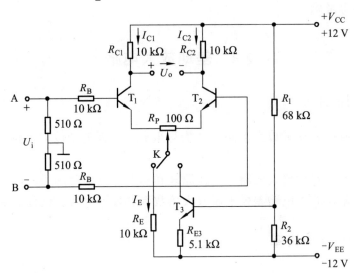

图 2.3.1　差动放大器实验电路

2）恒流源电路

$$I_{C3} \approx I_{E3} \approx \frac{\dfrac{R_2}{R_1 + R_2}(V_{CC} + |V_{EE}|) - V_{BE}}{R_{E3}}$$

$$I_{C1} = I_{C1} = \frac{1}{2} I_{C3}$$

2. 差模电压放大倍数和共模电压放大倍数

当差动放大电路的射极电阻 R_E 足够大或采用恒流源电路时，差模电压放大倍数 A_d 由输出端方式决定，而与输入方式无关。

双端输出：$R_E = \infty$，R_P 在中心位置时，有

$$A_d = \frac{\Delta U_o}{\Delta U_i} = -\frac{\beta R_C}{R_B + r_{be} + \frac{1}{2}(1+\beta)R_P}$$

单端输出时，有

$$A_{d1} = \frac{\Delta U_{C1}}{\Delta U_i} = \frac{1}{2}A_d$$

$$A_{d2} = \frac{\Delta U_{C2}}{\Delta U_i} = -\frac{1}{2}A_d$$

当输入共模信号时，若单端输出，则有

$$A_{C1} = A_{C2} = \frac{\Delta U_{C1}}{\Delta U_i} = \frac{-\beta R_C}{R_B + r_{be} + (1+\beta)\left(\frac{1}{2}R_P + 2R_E\right)} \approx -\frac{R_C}{2R_E}$$

若双端输出，在理想情况下，有

$$A_C = \frac{\Delta U_o}{\Delta U_i} = 0$$

实际上元件不可能完全对称，因此 A_C 也不会绝对等于零。

3. 共模抑制比 CMRR

为了表征差动放大电路对差模信号的放大作用和对共模信号的抑制能力，通常用一个综合指标来衡量，即共模抑制比。

$$CMRR = \left|\frac{A_d}{A_c}\right| \qquad 或 \qquad CMRR = 20\lg\left|\frac{A_d}{A_c}\right| \text{(dB)}$$

差动放大电路的输入信号可以采用直流信号也可以采用交流信号，本实验由函数信号发生器提供频率 $f = 1$ kHz 的正弦信号作为输入信号。

2.3.4 实验内容与步骤

1. 测量静态工作点

（1）调节放大电路零点。

按图 2.3.1 连接实验电路，开关 K 拨向左边，构成典型差动放大电路，将差动放大电路的输入端 A、B 与地短接，接通 ± 12 V 直流电源，用直流电压表测量输出电压 U_o，调节调零电位器 R_P，使 $U_o = 0$。

（2）零点调好以后，用直流电压表测量 T_1、T_2 管各电极电位及射极电阻 R_E 两端电压 U_{RE}，记入表 2.3.1。

表 2.3.1

	V_{C1}/V	V_{B1}/V	V_{E1}/V	V_{C2}/V	V_{B2}/V	V_{E2}/V	U_{RE}/V
测量值							

	I_C/mA		I_B/mA		U_{CE}/V		
计算值							

2. 测量差模电压放大倍数

断开直流电源，将函数信号发生器的输出端连接到放大电路输入端 A，地端接放大电路输入端 B 构成单端输入方式，输入信号为频率 $f = 1\ kHz$ 的正弦信号，输出旋钮旋至零，用示波器观察输出端（集电极 C_1 或 C_2 与地之间）。

接通 ±12 V 直流电源，逐渐增大输入电压 U_i（约 100 mV），在输出波形无失真的情况下，用交流毫伏表测 U_i、V_{C1}、V_{C2}，记入表 2.3.2 中，观察 u_i、u_{C1}、u_{C2} 之间的相位关系及 U_{RE} 随 U_i 改变而变化的情况。

3. 测量共模电压放大倍数

将放大电路的 A、B 端短接，信号源接 A 端与地之间，构成共模输入方式，输入信号 $f = 1\ kHz$，$U_i = 1\ V$，在输出电压无失真的情况下，测量 V_{C1}、V_{C2} 之值记入表 2.3.2，并观察 u_i、u_{C1}，u_{C2} 之间的相位关系及 U_{RE} 随 U_i 改变而变化的情况。

表 2.3.2

项 目	典型差动放大电路		具有恒流源差动放大电路	
	单端输入	共模输入	单端输入	共模输入
U_i	100 mV	1 V	100 mV	1 V
V_{C1}/V				
V_{C2}/V				
$A_{d1} = \dfrac{V_{C1}}{U_i}$		—		—
$A_d = \dfrac{U_o}{U_i}$		—		—
$A_{C1} = \dfrac{V_{C1}}{U_i}$	—		—	
$A_C = \dfrac{U_o}{U_i}$	—		—	
$CMRR = \left\| \dfrac{A_{d1}}{A_{C1}} \right\|$				

4．具有恒流源的差动放大电路性能测试

将图 2.3.1 所示电路中的开关 K 拨向右边，构成具有恒流源的差动放大电路。重复步骤 2 和步骤 3，将测量值记入表 2.3.2 中。

2.3.5 预习与思考

（1）根据实验电路参数，估算典型差动放大器和具有恒流源的差动放大器的静态工作点及差模电压放大倍数（取 $\beta_1 = \beta_2 = 100$）。

（2）测量静态工作点时，放大电路输入端 A、B 与地应如何连接？

（3）实验中怎样获得双端和单端输入差模信号？怎样获得共模信号？画出 A、B 端与信号源之间的连接图。

2.3.6 实验报告

（1）整理实验数据，列表比较实验结果和理论估算值，分析误差原因。

（2）比较典型差动放大电路单端输出时的 CMRR 实测值与理论值。

（3）比较典型差动放大电路单端输出时 CMRR 的实测值与具有恒流源的差动放大器 CMRR 实测值。

（4）比较 u_i、u_{C1} 和 u_{C2} 之间的相位关系。

（5）根据实验结果，总结电阻 R_E 和恒流源的作用。

2.4 多级负反馈放大电路

2.4.1 实验目的

（1）加深理解放大电路中引入负反馈的方法。

（2）研究负反馈对放大电路性能的影响。

（3）掌握负反馈放大电路性能的测试方法。

2.4.2 实验仪器与设备

（1）模拟电路实验箱 1 台；

（2）±12 V 直流电源；

（3）函数信号发生器 1 台；

（4）双踪示波器 1 台；

（5）交流毫伏表 1 只；

（6）数字万用表 1 只；

（7）负反馈放大电路的电路板 1 块。

2.4.3 实验原理

负反馈在电子电路中应用广泛，放大电路加入负反馈之后，它的放大倍数降低，但放大电路的其他指标却因此而得到改善，如稳定放大倍数，改变输入、输出电阻，减小非线性失真和展宽通频带。

根据输出端取样方式和输入端连接方式的不同，可以把负反馈放大电路分为 4 种基本组态：电流串联负反馈、电压串联负反馈、电流并联负反馈、电压并联负反馈。

图 2.4.1 为带有负反馈的两级阻容耦合放大电路，在电路中通过 R_f 把输出电压 u_o 引回到输入端，加在晶体管 T_1 的发射极上，在发射极电阻 R_{f1} 上形成反馈电压 u_f。根据反馈的判断法可知，它属于电压串联负反馈。

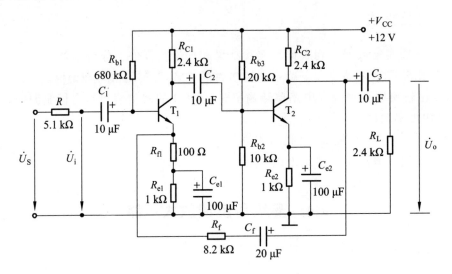

图 2.4.1　带有电压串联负反馈的两级阻容耦合放大器

1. 主要性能指标

1）闭环电压放大倍数

$$A_{uf} = \frac{A_u}{1 + A_u F_u}$$

式中　$A_u = U_o / U_i$——基本放大电路的电压放大倍数，即开环电压放大倍数。

$1 + A_u F_u$——反馈深度，它的大小决定了负反馈对放大电路性能改善的程度。

2）反馈系数

$$F_u = \frac{R_{f1}}{R_f + R_{f1}}$$

3）输入电阻

$$R_{if} = (1 + A_u F_u)R_i$$

式中　R_i——基本放大器的输入电阻。

4）输出电阻

$$R_{of} = \frac{R_o}{1 + A_{uo}F_u}$$

式中　R_o——基本放大电路的输出电阻；

　　　A_{uo}——基本放大电路 $R_L = \infty$ 时的电压放大倍数。

2．动态参数

测量基本放大电路的动态参数，不能简单地断开反馈支路，而是要去掉反馈作用，但又要把反馈网络的影响（负载效应）考虑到基本放大器中去。为此：

（1）在画基本放大电路的输入回路时，因为是电压负反馈，所以可将负反馈放大电路的输出端交流短路，即令 $u_o = 0$，此时 R_f 相当于并联在 R_{f1} 上。

（2）在画基本放大电路的输出回路时，由于输入端是串联负反馈，因此需将反馈放大电路的输入端（T_1 管的射极）开路，此时（$R_f + R_{f1}$）相当于并接在输出端。可近似认为 R_f 并接在输出端。

综上所述，即可得到所要求的基本放大电路，如图 2.4.2 所示。

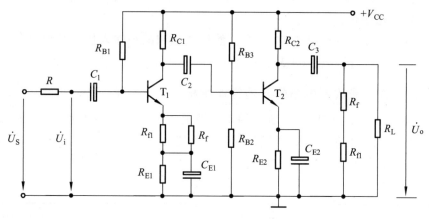

图 2.4.2　基本放大电路

2.4.4　实验内容与步骤

1．测量静态工作点

按实验线路图 2.4.1 接线，用直流电压表分别测量两级放大电路的静态工作点，将数据填入表 2.4.1 中。

表 2.4.1

	V_B/V	V_E/V	V_C/V	I_C/mA
第一级				
第二级				

2. 测试基本放大电路的各项性能指标

将实验电路按图 2.4.2 改接,即把 R_f 断开后分别并在 R_{f1} 和 R_L 上,其他连线不动。

(1)测量中频电压放大倍数 A_u、输入电阻 R_i 和输出电阻 R_o。

① 将频率 $f = 1\ kHz$,U_S 约 5 mV 正弦信号接到放大电路的输入端,用示波器观察输出波形 u_o,在 u_o 不失真的情况下,用交流毫伏表测量 U_S、U_i、U_L 并记入表 2.4.2。

表 2.4.2

基本放大电路	U_S/mV	U_i/mV	U_L/V	U_o/V	A_u	$R_i/k\Omega$	$R_o/k\Omega$
负反馈放大电路	U_S/mV	U_i/mV	U_L/V	U_o/V	A_{uf}	$R_{if}/k\Omega$	$R_{of}/k\Omega$

② 保持 U_S 不变,断开负载电阻 R_L(注意,R_f 不要断开),测量空载时的输出电压 U_o,记入表 2.4.2。

(2)测量通频带。

接上 R_L,保持(1)中的 U_S 不变,然后增加和减小输入信号的频率,找出上、下限频率 f_H 和 f_L,记入表 2.4.3。

3. 测试负反馈放大电路的各项性能指标

将实验电路恢复为图 2.4.1 所示的负反馈放大电路。适当加大 U_S(约 10 mV),在输出波形不失真的条件下,测量负反馈放大器的 A_{uf}、R_{if} 和 R_{of},记入表 2.4.2;测量 f_{Hf} 和 f_{Lf},记入表 2.4.3。

表 2.4.3

基本放大器	f_L/kHz	f_H/kHz	$\Delta f/kHz$
负反馈放大器	f_{Lf}/kHz	f_{Hf}/kHz	$\Delta f_f/kHz$

*4. 观察负反馈对非线性失真的改善

(1)实验电路改接成基本放大器形式,在输入端加入 $f = 1\ kHz$ 的正弦信号,输出端接示波器,逐渐增大输入信号的幅度,使输出波形开始出现失真,记下此时的波形和输出电压的幅度。

（2）再将实验电路改接成负反馈放大器形式，增大输入信号幅度，使输出电压幅度的大小与（1）相同，比较有负反馈时，输出波形的变化。

2.4.5　预习与思考

（1）估算图 2.4.1 所示放大电路的静态工作点（取 $\beta_1 = \beta_2 = 100$）。

（2）怎样把负反馈放大器改接成基本放大器？为什么要把 R_f 并接在输入和输出端？

（3）估算基本放大器的 A_u、R_i 和 R_o；估算负反馈放大器的 A_{uf}、R_{if} 和 R_{of}，并验算它们之间的关系。

2.4.6　实验报告

（1）复习课本中有关负反馈放大电路的内容。

（2）计算两级放大电路的开环和闭环的电压放大倍数、输入电阻和输出电阻，与实验所得的数据进行比较，分析误差原因。

（3）用实验所测得的数据说明电压串联负反馈对放大电路性能（f_{BW}、R_i、R_o、f_H、f_L）的影响。

（4）总结实验中的收获体会。

（5）回答思考题。

2.5　集成运算放大器的应用电路

2.5.1　实验目的

（1）了解集成运算放大器的使用方法。

（2）掌握由集成运放构成的比例、加法、减法和积分等基本运算电路及工作原理。

2.5.2　实验仪器与设备

（1）±12 V 直流电源；

（2）函数信号发生器 1 台；

（3）交流毫伏表 1 台；

（4）直流电压表 1 只；

（5）集成运算放大器 μA741×1，电阻器、电容器若干。

2.5.3 实验原理

集成运算放大器具有可靠性高、使用方便、放大性能好等特点，是应用最广泛的集成电路。集成运算放大器外接深度负反馈电路，可以进行信号的模拟运算。如果反馈网络是由线性元件组成，输出信号与输入信号之间就具有线性函数关系，即实现特定的模拟运算，如比例、加法、减法、积分、微分等模拟运算电路。

1. 集成运放的理想模型

在分析计算集成运放的应用电路时，为了使问题分析简化，通常可将运放看作一个理想放大器，即将运放的各项参数都理想化。集成运放的理想化参数有：

开环差模增益（放大倍数）$A_{od} = \infty$；

差模输入电阻 $r_{id} = \infty$；

输出电阻 $r_o = 0$；

共模抑制比 $K_{CMR} = \infty$；

上限截止频率 $f_H = \infty$；

失调电压、失调电流与温漂均为零。

理想运放在线性应用时两个重要特性：

（1）输出电压 U_o 与输入电压之间满足关系式

$$U_o = A_{od}(U_+ - U_-)$$

由于 $A_{od} = \infty$，而 U_o 为有限值，因此，$U_+ - U_- \approx 0$，故有 $U_+ \approx U_-$，即理想运放两个输入端的电位相等。由于两个输入端电位相等，但又不是短路，故称为"虚短"。

（2）因 $r_{id} = \infty$，故有 $I_+ = I_- = 0$，即理想运放两个输入端的输入电流为零。由于两个输入端并非开路而电流为零，故称为"虚断"。

上述两个特性是分析理想运放线性运用时的基本依据。

2. 基本运算电路

（1）反相比例运算电路。

反相比例运算电路如图 2.5.1 所示。根据运放工作在线性区的两条分析依据，可知 $U_+ \approx U_- = 0$，$i_1 = i_f$，由此得出电路的输出电压与输入电压之间的关系为

$$U_o = -\frac{R_F}{R_1}U_i$$

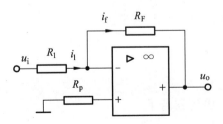

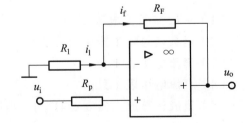

图 2.5.1　反相比例运算电路　　　　图 2.5.2　同相比例运算电路

同相输入端的外接电阻 R_P 为补偿电阻，又称为平衡电阻，它的作用是保证集成运放输入级差分放大电路的对称性，其值 $R_P = R_1 // R_F$。

（2）同相比例运算电路。

同相比例运算电路如图 2.5.2 所示。根据"虚短"和"虚断"的概念，有 $U_+ = U_- = u_i$，$i_1 = i_f$，由此得出电路的输出电压与输入电压之间的关系为

$$U_o = \left(1 + \frac{R_F}{R_1}\right)U_i \qquad R_P = R_1 // R_F$$

当 $R_1 \to \infty$ 时，$U_o = U_i$，即得到如图 2.5.3 所示的电压跟随器。

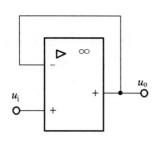

图 2.5.3　电压跟随器

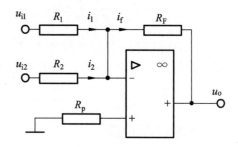

图 2.5.4　反相加法运算电路

（3）反相加法运算电路。

反相加法运算电路如图 2.5.4 所示，输出电压与输入电压之间的关系为

$$U_o = -\left(\frac{R_F}{R_1}U_{i1} + \frac{R_F}{R_2}U_{i2}\right) \qquad R_P = R_1 // R_2 // R_F$$

（4）减法运算电路。

减法运算电路如图 2.5.5 所示，当 $R_1 = R_2$，$R_3 = R_F$ 时，有如下关系式

$$U_o = \frac{R_F}{R_1}(U_{i2} - U_{i1})$$

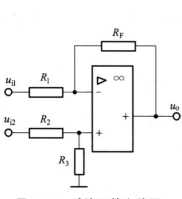

图 2.5.5　减法运算电路图

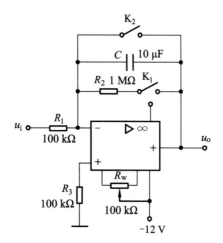

图 2.5.6　积分运算电路

（5）积分运算电路。

反相积分电路如图 2.5.6 所示。根据"虚短"和"虚断"的概念，输出电压 u_o 等于

$$u_o(t) = -\frac{1}{R_1C}\int_0^t u_i \mathrm{d}t + u_C(0)$$

式中，$u_C(0)$ 是 $t = 0$ 时刻电容 C 两端的电压值，即初始值。

如果 $u_i(t)$ 是幅值为 E 的阶跃电压，并设 $u_C(0) = 0$，则有

$$u_o(t) = -\frac{1}{R_1C}\int_0^t E\mathrm{d}t = -\frac{E}{R_1C}t$$

即输出电压 $u_o(t)$ 随时间增长而线性下降。显然 RC 的数值越大，达到给定的 U_o 值所需的时间就越长。积分输出电压所能达到的最大值受集成运放最大输出范围的限值。

2.5.4　实验内容与步骤

实验前要看清运放组件各管脚的位置，切忌正、负电源极性接反，输出端不能短路，否则将会损坏集成块。

1．反相比例运算电路

（1）按图 2.5.1 所示连接电路，接通 ±12 V 电源，调零和消振。

（2）输入 $f = 100$ Hz，$U_i = 0.5$ V 的正弦交流信号，测量相应的 U_o，并用示波器观察 u_o 和 u_i 的相位关系，记入表 2.5.1。

表 2.5.1　$U_i = 0.5$ V，$f = 100$ Hz

U_i/V	U_o/V	u_i 波形	u_o 波形	A_u	
		u_i ↑ O ——→ t	u_o ↑ O ——→ t	实测值	计算值

2．同相比例运算电路

（1）按图 2.5.2 所示连接电路。实验步骤同内容 1，将结果记入表 2.5.2。

（2）按图 2.5.3 所示连接电路，重复内容 1。将结果记入表 2.5.2。

表 2.5.2　$U_i = 0.5$ V　$f = 100$ Hz

U_i/V	U_o/V	u_i 波形	u_o 波形	A_u	
		u_i ↑ O ——→ t	u_o ↑ O ——→ t	实测值	计算值

3. 反相加法运算电路

（1）按图 2.5.4 连接电路，调零和消振。

（2）输入信号采用直流信号。实验时要注意选择合适的直流信号幅度以确保集成运放工作在线性区，用直流电压表测量输入电压 U_{i1}、U_{i2} 及输出电压 U_o，记入表 2.5.3。

表 2.5.3

U_{i1}/V					
U_{i2}/V					
U_o/V					

4. 减法运算电路

（1）按图 2.5.5 所示连接电路，调零和消振。

（2）采用直流输入信号，实验步骤同内容 3，测量结果记入表 2.5.4。

表 2.5.4

U_{i1}/V					
U_{i2}/V					
U_o/V					

5. 积分运算电路（选做）

实验电路如图 2.5.6 所示。

（1）对运放输出进行调零。

（2）调零完成后，再打开 K_1，闭合 K_2，使 $u_C(0) = 0$。

（3）预先调好直流输入电压 $U_i = 0.5$ V，接入实验电路，再打开 K_2，然后用直流电压表测量输出电压 U_o，每隔 5 s 读一次 U_o，记入表 2.5.5，直到 U_o 不继续明显增大为止。

表 2.5.5

t/s	0	5	10	15	20	25	30	……
U_o/V								

2.5.5 实验预习与思考

（1）预习课本集成运放线性应用部分内容，并根据实验电路参数计算各电路输出电压的理论值。

（2）在积分电路中，如果 $R_1 = 100$ kΩ，$C = 4.7$ μF，求时间常数。假设 $U_i = 0.5$ V，问要使输出电压 U_o 达到 5 V，需多长时间（设 $u_C(0) = 0$）？

（3）为了不损坏集成块，实验中应注意什么问题？

2.5.6　实验报告

（1）整理实验数据，画出波形图。
（2）比较理论计算结果和实测数据，分析产生误差的原因。
（3）分析讨论实验中出现的现象和问题，回答思考题。

2.6　晶体管共发射极放大器的设计

2.6.1　实验目的

（1）熟悉基本放大电路的典型结构与组成，学会选用典型电路，依据设计指标要求计算元件参数，熟悉工程上如何选用电路元器件的型号与参数。
（2）掌握基本放大电路的设计、安装与调试技术，掌握基本放大电路有关参数的实验测量方法。
（3）了解电路元件参数改变对静态工作点的影响。
（4）了解放大电路的非线性失真，静态工作点对非线性失真的影响。

2.6.2　实验仪器与设备

（1）模拟电路实验箱 1 台；
（2）± 12 V 直流电源；
（3）函数信号发生器 1 台；
（4）双踪示波器 1 台；
（5）交流毫伏表 1 只；
（6）数字万用表 1 只。

2.6.3　设计原理

1．工作原理

晶体管放大器如图 2.6.1 所示的电路，称为阻容耦合式共发射极放大器。它采用的是分压式电流负反馈偏置电路。放大器的静态工作点 Q 主要由 R_{B1}、R_{B2}、R_E、R_C 及电源电压 $+ V_{CC}$ 所决定。

该电路利用电阻 R_{B1}、R_{B2} 的分压固定基极电位 V_{BQ}。如果满足条件 $I_1 \gg I_{BQ}$，当温度升高时，$I_{CQ} \uparrow - V_{EQ} \uparrow$（$V_{BQ}$ 不变）$- U_{BE} \downarrow - I_{BQ} \downarrow - I_{CQ} \downarrow$，结果抑制了 I_{CQ} 的变化，从而获得稳定的静态工作点。

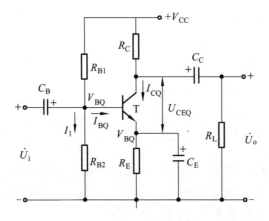

图 2.6.1　阻容耦合共射极放大器

2. 基本关系式

工作点稳定的必要条件是 $I_1 \gg I_{BQ}$，一般取

$$\left.\begin{array}{l} I_1 = (5{\sim}10)I_{BQ} \quad (\text{硅管}) \\ I_1 = (10{\sim}20)I_{BQ} \quad (\text{锗管}) \end{array}\right\} \qquad (2\text{-}6\text{-}1)$$

直流负反馈愈强，电路的稳定性愈好。所以要求 $V_{BQ} \gg V_{BE}$，即 $V_{BQ} = (5 \sim 10)V_{BE}$，一般取

$$\left.\begin{array}{l} V_{BQ} = (3{\sim}5)\ \text{V} \quad (\text{硅管}) \\ V_{BQ} = (1{\sim}3)\ \text{V} \quad (\text{锗管}) \end{array}\right\} \qquad (2\text{-}6\text{-}2)$$

电路的静态工作点由下列关系式确定：

$$R_E \approx \frac{V_{BQ} - U_{BE}}{I_{CQ}} = \frac{V_{EQ}}{I_{CQ}} \qquad (2\text{-}6\text{-}3)$$

对于小信号放大器，一般取 $I_{CQ} = 0.5 \sim 2\ \text{mA}$，$V_{EQ} = (0.2 \sim 0.5)V_{CC}$

$$R_{B2} = \frac{V_{BQ}}{I_1} = \frac{V_{BQ}}{(5 \sim 10)I_{CQ}}\beta \qquad (2\text{-}6\text{-}4)$$

$$R_{B1} \approx \frac{V_{CC} - V_{BQ}}{V_{BQ}}R_{B2} \qquad (2\text{-}6\text{-}5)$$

$$U_{CEQ} \approx V_{CC} - I_{CQ}(R_C + R_E) \qquad (2\text{-}6\text{-}6)$$

3. 性能指标与测试方法

晶体管放大器的主要性能指标有电压放大倍数 A_u、输入电阻 R_i、输出电阻 R_o、通频带 BW。对于图 2.6.1 各性能指标计算式与测试方法如下。

（1）电压放大倍数 A_u。

$$\dot{A}_u = \frac{\dot{U}_o}{\dot{U}_i} = \frac{-\beta R'_L}{r_{be}} \qquad (2\text{-}6\text{-}7)$$

式中，$R'_L = R_C // R_L$；r_{be} 为晶体管输入电阻，即

$$r_{be} = r_b + (1+\beta)\frac{26\text{ mV}}{I_{EQ}\text{mA}} \approx 300\ \Omega + \beta\frac{26\text{ mV}}{I_{CQ}\text{mA}} \qquad (2\text{-}6\text{-}8)$$

测量电压放大倍数，实际上是测量放大器的输入电压 U_i 与输出电压 U_o 的值。在波形不失真的条件下，如果测出 U_i（有效值）或 U_{im}（峰值）及 U_{ipp}（峰-峰）与 U_o（有效值）或 U_{om}（峰值）U_{opp}（峰-峰），则

$$A_u = \frac{U_o}{U_i} = \frac{U_{om}}{U_{im}} = \frac{U_{opp}}{U_{ipp}} \qquad (2\text{-}6\text{-}9)$$

（2）输入电阻 R_i。

$$R_i = r_{be} // R_{B1} // R_{B2} \approx r_{be} \qquad (2\text{-}6\text{-}10)$$

放大器的输入电阻反映了放大器本身消耗输入信号源功率的大小。

若 $R_i \gg R_s$（信号源内阻），则放大器从信号源获取较大电压；

若 $R_i \ll R_s$，则放大器从信号源吸取较大电流；

若 $R_i = R_s$，则放大器从信号源获取最大功率。

用"串联电阻法"测试放大器的输入电阻，即在信号源输出与放大器输入端之间串联一个已知电阻 R（一般以选择 R 的值接近 R_i 的值为宜），如图 2.6.2 所示。在输出波形不失真情况下，用晶体管毫伏表或示波器分别测量出 U_i 与 U_s 的值，则

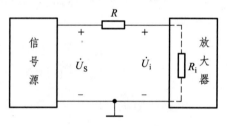

图 2.6.2　输出电阻测试电路

$$R_i = \frac{U_i}{U_s - U_i}R \qquad (2\text{-}6\text{-}11)$$

式中，U_s 为信号源的输出电压值。

（3）输出电阻 R_o。

$$R_o = r_o // R_C \approx R_C \qquad (2\text{-}6\text{-}12)$$

式中 r_o 为晶体管的输出电阻。

放大器输出电阻的大小反映了它带负载的能力，R_o 愈小，带负载的能力愈强。

当 $R_o \ll R_L$ 时，放大器可等效成一个恒压源。

放大器输出电阻 R_o 的测试方法如图 2.6.3 所示，电阻 R_L 应与 R_o 接近，在

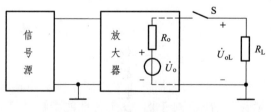

图 2.6.3　输出电阻测试电路

输出波形不失真的情况下，首先测量 R_L 未接入（即放大器负载开路）时的输出电压 U_o 的值，然后接入 R_L 再测量放大器负载上的电压 U_{oL} 的值，则

$$R_o = \left(\frac{U_o}{U_{oL}} - 1 \right) R_L \qquad (2\text{-}6\text{-}13)$$

2.6.4 实验内容与步骤

设计一个单管共射极放大电路。

主要设计参数：电源电压 12 V，三极管选用 9011（β 值约为 150）、射极电阻为 2 kΩ 时的静态工作点参数约为 $I_B = 10\ \mu A$、$I_C = 1.6\ mA$、$U_{CE} = 4\ V$；交流参数指标为 $A_U \geqslant 100$、$R_i \geqslant 2\ k\Omega$、$R_o \leqslant 3\ k\Omega$。

（1）依据原理设计电路，在实验台上确定选用的元器件。

（2）在实验台上搭建电路，进行静态调试并测量静态工作点参数。

（3）动态调试，没有非线性失真时（选用 1 kHz、15 mV 左右正弦波），分别测量交流电压放大倍数、输入电阻、输出电阻。

（4）改变静态工作点，分别观察饱和失真和截止失真现象。

（5）增大输入信号，观察同时产生饱和失真和截止失真现象。

2.6.5 预习与思考

（1）熟悉分压式偏置共射极单管放大电路和射极跟随器的构成。

（2）熟悉放大电路和静态工作点及调试方法。

（3）什么是信号源电压 U_s？什么是放大电路的输入信号 u_i？什么是放大电路的输出信号 u_o？如何用示波器和交流毫伏表测量这些信号？

（4）如何通过动态指标的测量求出放大电路的电压放大倍数 A_u、输入电阻 R_i 和输出电阻 R_o？

（5）了解负载变化对放大电路的放大倍数的影响。

（6）观察静态工作点选择得不合适或输入信号 u_i 过大所造成的失真现象，从而掌握放大电路不失真的条件。

（7）依据设计要求，确定原理电路，计算有关电路参数，选定元器件，设计制作实验测试的各种数据记录表格。

2.6.6 实验报告要求

（1）依据设计要求拟定设计方案、原理电路图、元器件参数计算、选用的器件清单。

（2）整理实验数据，并与理论值进行比较。

（3）综合分析比较两种不同类型的单管放大电路的特点。

（4）总结实验收获与心得。

2.7 函数发生器的设计

2.7.1 实验目的

掌握用运放设计函数发生器的方法。

2.7.2 实验仪器与设备

（1）模拟电路实验箱 1 台；
（2）±12 V 直流电源；
（3）函数信号发生器 1 台；
（4）双踪示波器 1 台；
（5）交流毫伏表 1 只；
（6）数字万用表 1 只。

2.7.3 实验原理

函数发生器能自动产生方波-三角波-正弦波及锯齿波、阶梯波等电压波形。产生正弦波、方波、三角波的方案有多种，如先产生正弦波，然后通过整形电路将正弦波变换成方波，再由积分电路将方波变成三角波；也可以先产生三角波-方波，再将三角波变换成正弦波或将方波变成正弦波。本实验介绍先产生方波-三角波，再将三角波变换成正弦波的电路设计方法，其电路组成框图如图 2.7.1 所示。

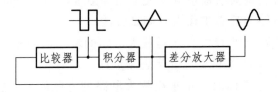

图 2.7.1 函数发生器组成框图

1. 方波-三角波产生电路

电路如图 2.7.2 所示。

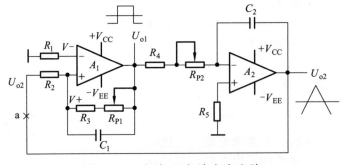

图 2.7.2 方波-三角波产生电路

电路工作原理如下：若 a 点断开，运算放大器 A_1 与 R_1、R_2、R_3、R_{P1} 组成电压比较器。R_1 称为平衡电阻，C_1 称为加速电容，可加速比较器的翻转；运放的反相端接基准电压，即 $U_- = 0$；同相端接输入电压 u_{ia}；比较器的输出 u_{o1} 的高电平等于正电源电压 $+V_{CC}$，低电平等于负电源电压 $-V_{EE}$。当输入端 $U_+ = U_- = 0$ 时，比较器翻转，u_{o1} 从高电平 $+V_{CC}$ 跳到低电平 $-V_{EE}$，或从低电平 $-V_{EE}$ 跳到高电平 $+V_{CC}$。设 $U_{o1} = +V_{CC}$，则

$$U_+ = \frac{R_2}{R_2 + R_3 + R_{P1}}(+V_{CC}) + \frac{R_3 + R_{P1}}{R_2 + R_3 + R_{P1}}V_{ia} = 0$$

整理上式，得比较器的下门限电位为

$$V_{ia-} = \frac{-R_2}{R_3 + R_{P1}}(+V_{CC}) = \frac{-R_2}{R_3 + R_{P1}}V_{CC}$$

若 $U_{o1} = -V_{EE}$，则比较器的上门限电位为

$$V_{ia+} = \frac{-R_2}{R_3 + R_{P1}}(-V_{EE}) = \frac{R_2}{R_3 + R_{P1}}V_{CC}$$

比较器的门限宽度 V_H 为

$$V_H = V_{ia+} - V_{ia-} = 2\frac{R_2}{R_3 + R_{P1}}V_{CC}$$

由上面公式可得比较器的电压传输特性，如图 2.7.3 所示。从电压传输特性可见，当输入电压 u_{ia} 从上门限电位 V_{ia+} 下降到下门限电位 V_{ia-} 时，输出电压 u_{o1} 由高电平 $+V_{CC}$ 突变到低电平 $-V_{EE}$。a 点断开后，运算放大器 A_2 与 R_4、R_{P2}、R_5、C_2 组成反相积分器，其输入信号为方波 u_{o1} 时，则积分器的输出

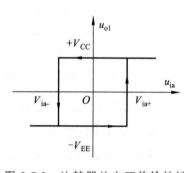

图 2.7.3　比较器的电压传输特性

$$u_{o2} = \frac{-1}{(R_4 + R_{P4})C_2}\int u_{o1}\mathrm{d}t$$

当 $U_{o1} = +V_{CC}$ 时，有

$$u_{o2} = \frac{-(+V_{CC})}{(R_4 + R_{P2})C_2}t = \frac{-V_{CC}}{(R_4 + R_{P2})C_2}t$$

当 $u_{o1} = -V_{EE}$ 时，有

$$u_{o2} = \frac{-(-V_{EE})}{(R_4 + R_{P2})C_2}t = \frac{V_{EE}}{(R_4 + R_{P2})C_2}t$$

可见，当积分器的输入为方波时，输出是一个上升速率与下降速率相等的三角波，其波形关系如图 2.7.4 所示。

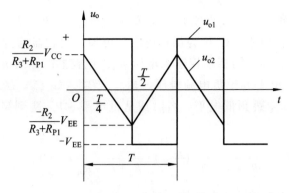

图 2.7.4 方波-三角波

a 点闭合，形成闭环电路，则自动产生方波-三角波，三角波的幅度为

$$U_{o2m} = \frac{R_2}{R_3 + R_{P1}} V_{CC}$$

方波-三角波的频率为

$$f = \frac{R_3 + R_{P1}}{4R_2(R_4 + R_{P2})C_2}$$

（1）调节电位器 R_{P2}，可调节方波-三角波的频率，但不会影响其幅度。若要求输出频率范围较宽，可用 C_2 改变频率，R_{P2} 实现频率微调。

（2）方波的输出幅度约等于电源电压 + V_{CC}，三角波的输出幅度不会超过电源电压 + V_{CC}。电位器 R_{P1} 可实现幅度微调，但会影响方波-三角波的频率。

2. 三角波变正弦波电路

在三角波电压频率固定或频率变化范围很小的情况下，可以考虑采用低通滤波的方法将三角波变换为正弦波，电路框图如图 2.7.5（a）所示。输入电压和输出电压的波形如图（b）所示。

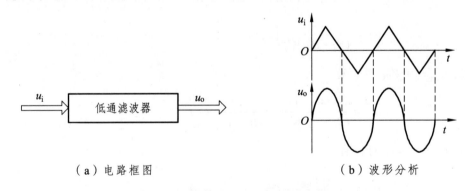

（a）电路框图　　　　　　　　　（b）波形分析

图 2.7.5　利用低通滤波将三角波变换成正弦波

将三角波按傅立叶级数展开：

$$u_i(\omega t) = \frac{8}{\pi^2} U_m \left(\sin \omega t - \frac{1}{9} \sin 3\omega t + \frac{1}{25} \sin 5\omega t - \cdots \right)$$

其中 U_m 表示三角波的幅值。根据上式可知，低通滤波器的通带截止频率应大于三角波的基波频率且小于三角波的 3 次谐波频率。当然，也可利用带通滤波器来实现上述变换。例如，若三角波的频率范围为 100 ~ 200 Hz，则低通滤波器的通带截止频率可取 250 Hz，带通滤波器的通频带可取 50 ~ 250 Hz。但是，如果三角波的最高频率超过其最低频率的 3 倍，就要考虑采用其他方法来实现变换了。

2.7.4 设计内容与步骤

设计一个方波-三角波-正弦波函数发生器，性能指标要求如下：
频率范围：100 Hz ~ 1 kHz，1 ~ 10 kHz；
输出电压：方波 $U_{PP} \leqslant 24$ V，三角波 U_{pp}。

1. 方波-三角波发生器的安装与调试

由于比较器 A_1 与积分器 A_2 组成正反馈闭环电路，同时输出方波与三角波，故这两个单元电路需同时安装。需要注意的是，在安装电位器 R_{P1} 与 R_{P2} 之前，应先将其调整到设计值，否则电路可能会不起振。如果电路接线正确，则在接通电源后，A_1 的输出 u_{o1} 为方波，A_2 的输出 u_{o2} 为三角波，在低频点时，微调 R_{P1}，使三角波的输出幅度满足设计指标要求，再调节 R_{P2}，则输出频率连续可变。

2. 误差分析

① 方波输出电压 $U_{PP} \leqslant 2V_{CC}$，是因为运放输出级是由 NPN 型或 PNP 型两种晶体管组成的复合互补对称电路，输出方波时，两管轮流截止与饱和导通，由于导通时输出电阻的影响，使方波输出幅度小于电源电压值。② 方波的上升时间 t_r，主要受运放转换速率的限制。如果输出频率较高，则可接入加速电容 C_1（C_1 一般为几十皮法）。可用示波器（或脉冲示波器）测量 t_r。

2.7.5 预习与思考

（1）预习集成运放的相关内容。
（2）依据设计要求，确定原理电路，计算有关电路参数，选定元器件。

2.7.6 实验报告

（1）依据设计要求拟定设计方案、原理电路图、元器件参数计算、选用的器件清单。

（2）整理实验数据，记录波形。

（3）总结实验收获与心得。

2.8　有源滤波器的设计

2.8.1　实验目的

（1）熟悉用运放、电阻和电容组成有源低通滤波、高通滤波和带通、带阻滤波器。

（2）学会测量有源滤波器的幅频特性。

2.8.2　实验仪器与设备

（1）模拟电路实验箱 1 台；

（2）±12 V 直流电源；

（3）函数信号发生器 1 台；

（4）双踪示波器 1 台；

（5）交流毫伏表 1 只；

（6）集成运放；

（7）频率计；

（8）电阻、电容若干。

2.8.3　实验原理

由 *RC* 元件与运算放大器组成的滤波器称为 *RC* 有源滤波器，其功能是让一定频率范围内的信号通过，抑制或急剧衰减此频率范围以外的信号。可用在信息处理、数据传输、抑制干扰等方面，但因受运算放大器频带限制，这类滤波器主要用于低频范围。根据对频率范围的选择不同，可分为低通（LPF）、高通（HPF）、带通（BPF）与带阻（BEF）等 4 种滤波器，它们的幅频特性如图 2.8.1 所示。

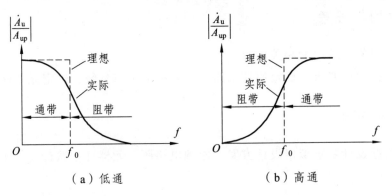

（a）低通　　　　　　　　（b）高通

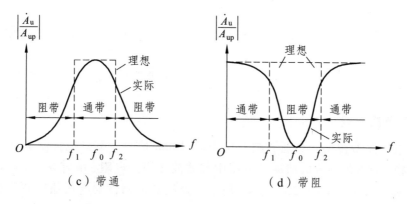

（c）带通　　　　　　　　　　　（d）带阻

图 2.8.1　四种滤波电路的幅频特性示意图

具有理想幅频特性的滤波器是很难实现的，只能用实际的幅频特性去逼近理想的。一般来说，滤波器的幅频特性越好，其相频特性越差，反之亦然。滤波器的阶数越高，幅频特性衰减的速率越快，但 RC 网络的节数越多，元件参数计算越繁琐，电路调试越困难。任何高阶滤波器均可以用较低的二阶 RC 有滤波器级联实现。

1. 低通滤波器（LPF）

低通滤波器用来通过低频信号、衰减或抑制高频信号。

图 2.8.2（a）所示为典型的二阶有源低通滤波器。它由两级 RC 滤波环节与同相比例运算电路组成，其中第一级电容 C 接至输出端，引入适量的正反馈，以改善幅频特性。

图 2.8.2（b）为二阶低通滤波器的幅频特性曲线。

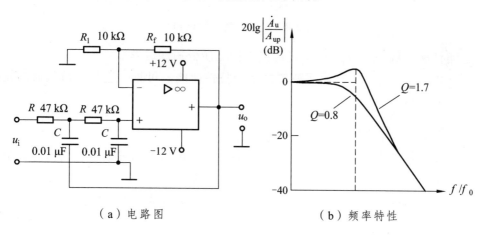

（a）电路图　　　　　　　　　　（b）频率特性

图 2.8.2　二阶低通滤波器

电路性能参数如下：

$$A_{uP} = 1 + \frac{R_f}{R_1}$$ ——二阶低通滤波器的通带增益；

$f_0 = \dfrac{1}{2\pi RC}$ ——截止频率，它是二阶低通滤波器通带与阻带的界限频率；

$Q = \dfrac{1}{3 - A_{uP}}$ ——品质因数，它的大小影响低通滤波器在截止频率处幅频特性的形状。

2. 高通滤波器（HPF）

与低通滤波器相反，高通滤波器用来通过高频信号，衰减或抑制低频信号。

只要将图 2.8.2 所示低通滤波电路中起滤波作用的电阻、电容互换，即可变成二阶有源高通滤波器，如图 2.8.3（a）所示。高通滤波器性能与低通滤波器相反，其频率响应和低通滤波器是"镜像"关系，仿照 LPH 分析方法，不难求得 HPF 的幅频特性。

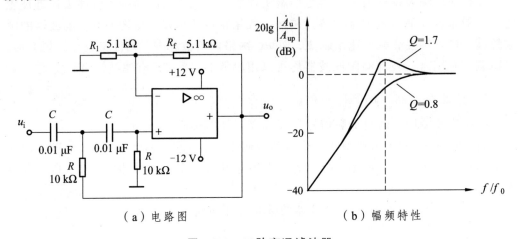

（a）电路图　　　　（b）幅频特性

图 2.8.3　二阶高通滤波器

电路性能参数 A_{uP}、f_0、Q 各量的函义同二阶低通滤波器。

图 2.8.3（b）为二阶高通滤波器的幅频特性曲线，可见，它与二阶低通滤波器的幅频特性曲线有"镜像"关系。

3. 带通滤波器（BPF）

带通滤波器的作用是只允许在某一个通频带范围内的信号通过，而比通频带下限频率低和比上限频率高的信号均加以衰减或抑制。

典型的带通滤波器是将二阶低通滤波器中的一级改成高通而成。如图 2.8.4（a）所示。

电路性能参数如下：

通带增益　　　$A_{uP} = \dfrac{R_4 + R_f}{R_4 R_1 CB}$

中心频率　　　$f_0 = \dfrac{1}{2\pi}\sqrt{\dfrac{1}{R_2 C^2}\left(\dfrac{1}{R_1} + \dfrac{1}{R_3}\right)}$

通带宽度 $\qquad B = \dfrac{1}{C}\left(\dfrac{1}{R_1} + \dfrac{2}{R_2} - \dfrac{R_f}{R_3 R_4}\right)$

选择性 $\qquad Q = \dfrac{\omega_0}{B}$

此电路的优点是改变 R_f 和 R_4 的比例，就可以改变频宽而不影响中心频率。

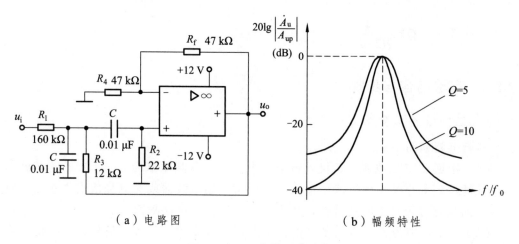

（a）电路图 （b）幅频特性

图 2.8.4　二阶带通滤波器

4．带阻滤波器（BEF）

如图 2.8.5（a）所示，带阻滤波器的性能和带通滤波器相反，即在规定的频带内，信号不能通过（或受到很大衰减或抑制），而在其余频率范围，信号则能顺利通过。

在双 T 网络后加一级同相比例运算电路，就构成了基本的二阶有源 BEF。

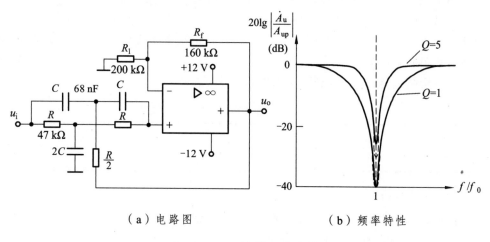

（a）电路图 （b）频率特性

图 2.8.5　二阶带阻滤波器

电路性能参数如下：

通带增益 $A_{up} = 1 + \dfrac{R_f}{R_1}$

中心频率 $f_0 = \dfrac{1}{2\pi RC}$

带阻宽度 $B = 2(2 - A_{up})f_0$

选择性 $Q = \dfrac{1}{2(2 - A_{up})}$

2.8.4 实验内容与步骤

1. 二阶低通滤波器

实验电路如图 2.8.2（a）所示。

（1）接通 ±12 V 电源。u_i 接函数信号发生器，令其输出为 $U_i = 1$ V 的正弦波信号，在滤波器截止频率附近改变输入信号频率，用示波器或交流毫伏表观察输出电压幅度的变化是否具备低通特性，如不具备，应排除电路故障。

（2）在输出波形不失真的条件下，选取适当幅度的正弦输入信号，在维持输入信号幅度不变的情况下，逐点改变输入信号频率。测量输出电压，记入表 2.8.1 中，描绘频率特性曲线。

表 2.8.1

f/Hz	
U_o/V	

2. 二阶高通滤波器

实验电路如图 2.8.3（a）所示。

（1）输入 $U_i = 1$ V 正弦波信号，在滤波器截止频率附近改变输入信号频率，观察电路是否具备高通特性。

（2）测绘高通滤波器的幅频特性曲线，记入表 2.8.2。

表 2.8.2

f/Hz	
U_o/V	

3. 带通滤波器

实验电路如图 2.8.4（a）所示，测量其频率特性，记入表 2.8.3。

（1）实测电路的中心频率 f_0。

（2）以实测中心频率为中心，测绘电路的幅频特性。

表 2.8.3

f/Hz	
U_o/V	

4. 带阻滤波器

实验电路如图 2.8.5（a）所示。

（1）实测电路的中心频率 f_0。

（2）测绘电路的幅频特性，记入表 2.8.4。

表 2.8.4

f/Hz	
U_o/V	

2.8.5　预习与思考

（1）复习教材有关滤波器的内容。

（2）分析图 2.8.2 ~ 图 2.8.5 所示电路，写出它们的增益特性表达式。

（3）画出上述 4 种电路的幅频特性曲线。

2.8.6　实验报告

（1）整理实验数据，画出各电路实测的幅频特性。

（2）根据实验曲线，计算截止频率、中心频率、带宽及品质因数。

（3）总结有源滤波电路的特性。

第3章　数字电子技术实验

3.1　门电路逻辑功能及测试

3.1.1　实验目的

（1）熟悉数字电路实验箱的使用方法。

（2）掌握集成门电路的逻辑功能的测试方法。

（3）学会使用集成门电路。

3.1.2　实验仪器及设备

（1）双踪示波器 1 台；

（2）74LS00 二输入端与非门 2 片；

（3）74LS02 二输入端或非门 1 片；

（4）74LS86 二输入端异或门 1 片；

（5）74LS04 反相器 1 片。

3.1.3　实验原理

TTL 集成与非门是数字电路中广泛使用的一种逻辑门，本实验采用 4 组二输入与非门 74LS00，在一块集成块内含有 4 个独立的与非门，每个与非门有两个输入端。74LS00 内部逻辑图、逻辑符号和引脚排列图如图 3.1.1 所示。

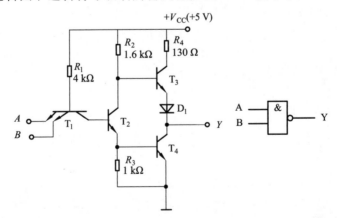

（a）74LS00 内部逻辑图　　　（b）74LS00 逻辑符号

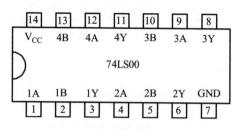

（c）74LS00 管脚排列图

图 3.1.1　74LS00 逻辑图、逻辑符号及引脚排列图

TTL 与非门的工作原理：当输入 A、B 中有低电平时，T_2、T_4 截止，T_3、D_1 导通，输出高电平；当 A、B 都为高电平时，T_2、T_4 导通，T_3、D_1 截止，输出低电平。所以与非门逻辑功能是：当输入端有一个或一个以上的低电平时，输出端为高电平；当输入端全部为高电平时，输出端输出低电平（即有"0"得"1"，全"1"得"0"）。其逻辑表达式为

$$F = \overline{A \cdot B}$$

3.1.4　实验内容与步骤

1. 验证 74LS00 的逻辑功能

把 74LS00 输入端 A、B 接逻辑开关，输出端 Y 接电平输出。将 74LS00 的 14 脚接高电平，7 脚接地，按表 3.1.1 要求改变 A、B 状态，观察 Y 状态变化，测试结果记入表 3.1.1。

表 3.1.1

$1A$　$1B$　$1Y$	$2A$　$2B$　$2Y$	$3A$　$3B$　$3Y$	$4A$　$4B$　$4Y$
0　　0	0　　0	0　　0	0　　0
0　　1	0　　1	0　　1	0　　1
1　　0	1　　0	1　　0	1　　0
1　　1	1　　1	1　　1	1　　1

2. 验证 74LS02 的逻辑功能

74LS02 的管脚如图 3.1.2 所示，把 74LS02 输入端 A、B 接逻辑开关，输出端 Y 接电平输出。将 74LS02 的 14 脚接高电平，7 脚接地，按表 3.1.2 要求改变 A、B 状态，观察 Y 状态变化，测试结果记入表 3.1.2。

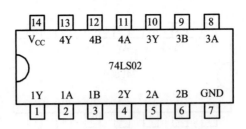

图 3.1.2　74LS02 管脚图排列图

表 3.1.2

1A	1B	1Y	2A	2B	2Y	3A	3B	3Y	4A	4B	4Y
0	0		0	0		0	0		0	0	
0	1		0	1		0	1		0	1	
1	0		1	0		1	0		1	0	
1	1		1	1		1	1		1	1	

3．异或门逻辑功能测试

（1）将 74LS86 按图 3.1.3 接线，输入端 1、2、4、5 接电平开关，输出端 A、B、C 接电平显示发光二极管。

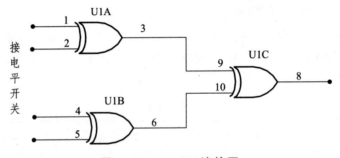

图 3.1.3　74LS86 连接图

（2）将电平开关按表 3.1.3 置位，将结果填入表中。

表 3.1.3

输　入				输　出		
1	2	4	5	A	B	C
0	0	0	0			
1	0	0	0			
1	1	0	0			
1	1	1	0			
1	1	1	1			
0	1	0	1			

4. 测试逻辑电路的逻辑关系

（1）用 74LS00 按图 3.1.4 接线，将输入输出逻辑关系分别填入表 3.1.4 中。

（2）写出电路逻辑表达式。

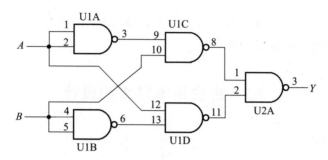

图 3.1.4　74LS00 连接图

表 3.1.4

输　入		输　出
A	B	Y
0	0	
0	1	
1	0	
1	1	

5. 平均传输延迟时间 t_{pd} 的测试（选做）

用六反相器 74LS04 按图 3.1.5 接线，观察电路输出波形，并测量反相器的平均传输延迟时间。设各个门电路的平均传输延迟时间为 t_{pd}，用奇数个非门环形连在一起，电路会产生一定频率的自激振荡。如果用示波器测出输出波形的周期 T，就可以间接地计算出门电路的平均传输延迟时间：

$$t_{pd} = \frac{T}{2n}$$

式中 n 是连接成环形的门的个数。

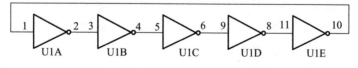

图 3.1.5　奇数个非门连成振荡器

3.1.5　预习与思考

（1）复习教材中基本门电路的逻辑功能。

（2）在使用 TTL 和 CMOS 门电路时，与非门和或非门多余端分别如何处理？

3.1.6　实验报告

（1）按各步骤要求记录实验测得的数据，填入相应的表中。

（2）总结门电路的逻辑功能。

3.2　组合逻辑电路的设计

3.2.1　实验目的

（1）掌握组合逻辑电路的设计方法。

（2）掌握组合逻辑电路的连接和调试方法。

3.2.2　实验仪器及设备

（1）74LS00 二输入端与非门 2 片；

（2）74LS02 二输入端或非门 1 片；

（3）74LS86 二输入端异或门 1 片；

（4）74LS04 反相器 1 片；

（5）74LS10 三输入与非门 1 片。

3.2.3　实验原理

组合逻辑电路的特点是：电路任意时刻输出状态只取决于该时刻的输入状态，而与该时刻前的电路状态无关。组合逻辑电路的设计，就是根据给定的逻辑命题，设计出能实现其逻辑功能的电路。

组合逻辑电路的设计一般可按以下步骤进行：

（1）列真值表。

通常给出的设计要求是用文字描述的一个具有固定因果关系的事件。由文字描述的逻辑问题直接写出逻辑函数表达式是困难的，但列出真值表就比较方便。要列真值表，首先要对事件的因果关系进行分析，把事件的起因定为输入逻辑变量，把事件的结果作为输出逻辑函数；其次要对逻辑变量赋值，就是用二值的"0"和"1"分别表示两种不同状态，再根据给定事件的因果关系列出真值表。

（2）写出逻辑函数表达式。

根据列出的真值表写出逻辑函数表达式。

（3）对逻辑函数表达式进行化简或变换。

由真值表写出的逻辑函数表达式不一定最简，若不是最简的，需对其进行化简，得到最简式。如果命题选定了器件，还需将最简式变换成相应的形式。

（4）根据简化的逻辑函数表达式画出逻辑图。

（5）按逻辑图完成电路的安装、调试。

下面举例说明。

例 3-2-1 用与非门设计一个举重判决电路。设举重比赛有 3 个裁判，一个主裁判和两个副裁判。杠铃完全举上的裁决由每个裁判按一下自己面前的按钮来确定。只有当两个或两个以上裁判判明成功，并且其中有一个主裁判时，表明成功的灯才会亮。

解：（1）列真值表。

设主裁判为变量 A，副裁判分别为变量 B 和变量 C；按钮按下表示"1"，按钮没有按下表示"0"；成功用 $Y = 1$ 表示，否则 $Y = 0$。根据逻辑功能列出真值表如表 3.2.1 所示。

表 3.2.1

A	0	0	0	0	1	1	1	1
B	0	0	1	1	0	0	1	1
C	0	1	0	1	0	1	0	1
Y	0	0	0	0	0	1	1	1

（2）写出逻辑表达式：$Y = A\bar{B}C + AB\bar{C} + ABC$。

（3）用卡诺图化简：

由卡诺图 3.2.1 得出最简"与-或"表达式，并把最简"与-或"式转换成"与非-与非"式：

$$Y = AB + AC = \overline{\overline{AB + AC}} = \overline{\overline{AB} \cdot \overline{AC}}$$

（4）根据逻辑表达式画出逻辑电路如图 3.2.2 所示。

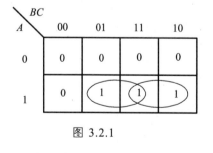

图 3.2.1

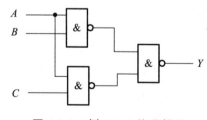

图 3.2.2　例 3-2-1 的逻辑图

原理性逻辑电路设计已经完成，要想得到实际装置，还必须进行工艺设计、安装和调试。

3.2.4　实验内容与步骤

（1）用与非门设计一个三变量的多数表决器。当输入变量 A、B、C 中有两个或两个以上为 1 时，输出 Y 为 1，否则为 0。

（2）用与非门设计一个全加器。

（3）在数字电路实验箱中将自己设计的电路进行安装、调试。

3.2.5　预习与思考

（1）复习组合逻辑电路设计的方法。

（2）根据实验内容所给定的设计命题要求，设计组合逻辑电路，写出表达式并化简。

（3）根据实验要求画出标有集成电路的型号及引脚号的逻辑电路图。

（4）逻辑表达式的变换在逻辑电路的设计中有什么作用？

3.2.6　实验报告

（1）按实验内容要求设计电路，并根据所给的器件画出逻辑图。

（2）画出记录数据的表格。

（3）论证自己设计的电路的正确性及优缺点。

3.3　译码器的应用

3.3.1　实验目的

（1）掌握译码器的工作原理及逻辑功能。

（2）掌握中规模集成电路译码器的应用。

3.3.2　实验仪器与设备

（1）数字电子实验箱 1 台；

（2）74LS138 3 线 – 8 线译码器 1 片；

（3）73LS20 二组 4 输入与非门 1 片；

（4）74LS86 四组 2 输入异或门 1 片；

（5）74LS00 四组 2 输入与非门 1 片；

（6）74LS10 三组 3 输入与非门 1 片；

（7）74LS02 四组 2 输入或非门 1 片。

3.3.3　实验原理

1.　二进制译码器

把二进制代码的各种状态按照其原意翻译成对应输出信号的电路，称为二进制译码器。若二进制译码器的输入端有 n 个，则输出端有 2^n 个，且对应于输入代码的每一种状态，只有其中一个输出端为有效电平，其余输出端为相反电平。二进制译码器的结构框图如图 3.3.1 所示。

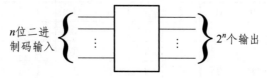

图 3.3.1　二进制译码器的结构框图

本实验所用二进制译码器型号为 3 线-8 线译码器 74LS138，引脚排列图和逻辑功能示意图如图 3.3.2 所示。其中 A_2、A_1、A_0 为 3 位二进制译码输入，$\overline{Y}_0$、$\overline{Y}_1$、$\overline{Y}_2$、$\overline{Y}_3$、$\overline{Y}_4$、$\overline{Y}_5$、$\overline{Y}_6$、$\overline{Y}_7$ 为译码输出端（低电平有效），G_1、$\overline{G}_{2A}$、$\overline{G}_{2B}$ 为选通控制端（也叫使能端或允许端）。当 $G_1 = 1$、$\overline{G}_{2A} + \overline{G}_{2B} = 0$ 时，译码器处于工作状态；当 $G_1 = 0$ 或 $\overline{G}_{2A} + \overline{G}_{2B} = 1$ 时，译码器处于禁止状态。G_1、$\overline{G}_{2A}$、$\overline{G}_{2B}$ 为选通控制端，也叫使能端或允许端。

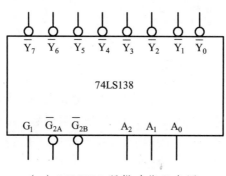

（a）74LS138 逻辑功能示意图

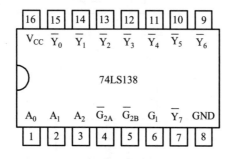

（b）74LS138 管脚排列图

图 3.3.2　74 LS138 的逻辑功能示意图和管脚排列图

74LS138 的真值表见表 3.3.1。

表 3.3.1　74LS138 真值表

输　　入					输　　出							
G_1	$\overline{G_{2A}}+\overline{G_{2B}}$	A_2	A_1	A_0	$\overline{Y_0}$	$\overline{Y_1}$	$\overline{Y_2}$	$\overline{Y_3}$	$\overline{Y_4}$	$\overline{Y_5}$	$\overline{Y_6}$	$\overline{Y_7}$
×	1	×	×	×	1	1	1	1	1	1	1	1
0	×	×	×	×	1	1	1	1	1	1	1	1
1	0	0	0	0	0	1	1	1	1	1	1	1
1	0	0	0	1	1	0	1	1	1	1	1	1
1	0	0	1	0	1	1	0	1	1	1	1	1
1	0	0	1	1	1	1	1	0	1	1	1	1
1	0	1	0	0	1	1	1	1	0	1	1	1
1	0	1	0	1	1	1	1	1	1	0	1	1
1	0	1	1	0	1	1	1	1	1	1	0	1
1	0	1	1	1	1	1	1	1	1	1	1	0

2.　二进制译码器应用

由表 3.3.1 可知：当 $\overline{G_1}=1$、$\overline{G_{2A}}+\overline{G_{2B}}=0$ 时，有

$$\overline{Y_0}=\overline{\overline{A_2}\,\overline{A_1}\,\overline{A_0}}=\overline{m_0}$$

$$\overline{Y_1}=\overline{\overline{A_2}\,\overline{A_1}A_0}=\overline{m_1}$$

$$\vdots$$

$$Y_7=\overline{A_2 A_1 A_0}=\overline{m_7}$$

即二进制译码器处于工作状态时，2^n 个输出端分别与 n 个输入变量的 2^n 个最小项一一对应，可以利用这些最小项实现各种组合逻辑函数。下面举例说明。

例 3.3.1　用 3/8 线译码器 74LS138 和两个与非门实现全加器。

解：① 根据全加器的逻辑功能列出真值表，见表 3.3.2。

表 3.3.2　全加器真值表

输　　入			输　　出	
A_i	B_i	C_{i-1}	C_i	S_i
0	0	0	0	0
0	0	1	0	1
0	1	0	0	1
0	1	1	1	0
1	0	0	0	1
1	0	1	1	0
1	1	0	1	0
1	1	1	1	1

② 写出函数的标准与或表达式，并变换为与非-与非形式。

$$S_i = \overline{A_i}\,\overline{B_i}C_{i-1} + \overline{A_i}B_i\overline{C_{i-1}} + A_i\overline{B_i}\,\overline{C_{i-1}} + A_i\overline{B_i}C_i$$

$$C_i = \overline{A_i}B_iC_{i-1} + A_i\overline{B_i}C_{i-1} + A_iB_i\overline{C_{i-1}} + A_iB_iC_{i-1}$$

$$S_i = Y_1 + Y_2 + Y_4 + Y_7 = \overline{\overline{Y_1}\,\overline{Y_2}\,\overline{Y_4}\,\overline{Y_7}}$$

$$C_i = Y_3 + Y_5 + Y_6 + Y_7 = \overline{\overline{Y_3}\,\overline{Y_5}\,\overline{Y_6}\,\overline{Y_7}}$$

③ 画出逻辑图，如图 3.3.3 所示。

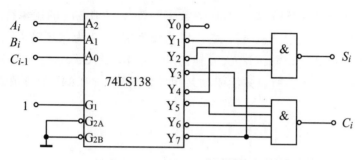

图 3.3.3　用 74LS138 实现全加器

3. 显示译码器

在数字系统中，通常需要将数字、文字和符号直观地显示出来，供人们直接读取处理结果，或用于监测数字系统的工作情况。因此，数字显示电路是许多数字设备不可缺少的部分。数字显示电路由半导体数码管和显示译码器组成。

（1）半导体数码管。

七段 LED 数码显示器俗称数码管，常用的数码管一般由 7 个发光二极管组成，可以显示 0～9 十个数字，如图 3.3.4（a）所示。通过控制各段二极管的工作状态，

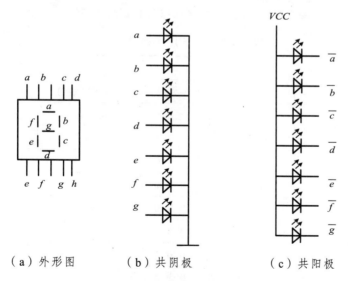

（a）外形图　　（b）共阴极　　（c）共阳极

图 3.3.4　数码管外形图及内部结构

可显示出不同的数字。例如，当 a、b、c、d、e、f、g 都亮时，显示数字"8"；当 a、b、c、d、e、f 亮，g 不亮时，显示数字"0"。数码管中的 7 个发光二极管有共阴极和共阳极两种接法，如图 3.3.4（b）、（c）所示。共阴极数码管是把二极管的阴极接在一起接地，阳极接输入信号，所以为高电平有效的数码管。共阳极数码管是把所有二极管的阳极接在一起接电源，阴极接输入信号，所以为低电平有效的数码管。

（2）七段显示译码器 74LS48。

七段显示译码器 74LS48 的逻辑功能是把输入的四位二进制数转换为 7 个高、低电平输出，从而驱动数码管显示对应的数字和符号。74LS48 的逻辑符号和管脚排列图如图 3.3.5 所示。其中 A_3、A_2、A_1、A_0 为输入端，$\overline{\text{LT}}$ 为试灯输入端，$\overline{\text{RBI}}$ 为灭 0 输入端，$\overline{\text{BI}}/\overline{\text{RBO}}$ 为灭灯输入端/灭 0 输出端，a、b、c、d、e、f、g 为 7 个输出端。74LS48 输出高电平有效，所以只能驱动共阴极数码管。74LS48 的真值表如表 3.3.3 所示。

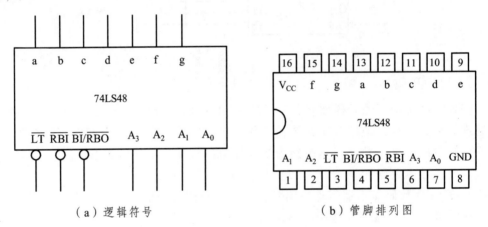

图 3.3.5　74LS48 的逻辑符号和管脚排列图

表 3.3.3　74LS48 的真值表

功能或十进制数	输　入			输　出	
	$\overline{\text{LT}}$　　$\overline{\text{RBI}}$	$A_3A_2A_1A_0$	$\overline{\text{BI}}/\overline{\text{RBO}}$	a b c d e f g	
灭灯	×　　×	× × × ×	0（输入）	0 0 0 0 0 0 0	
试灯	0　　×	× × × ×	1	1 1 1 1 1 1 1	
灭零	1　　0	0 0 0 0	0	0 0 0 0 0 0 0	
0	1　　×	0 0 0 0	1	1 1 1 1 1 1 0	
1	1　　×	0 0 0 1	1	0 1 1 0 0 0 0	
2	1　　×	0 0 1 0	1	1 1 0 1 1 0 1	
3	1　　×	0 0 1 1	1	1 1 1 1 0 0 1	
4	1　　×	0 1 0 0	1	0 1 1 0 0 1 1	

功能或十进制数	输入			输出	
	$\overline{LT}$	$\overline{RBI}$	$A_3A_2A_1A_0$	$\overline{BI}/\overline{RBO}$	a b c d e f g
5	1	×	0 1 0 1	1	1 0 1 1 0 1 1
6	1	×	0 1 1 0	1	0 0 1 1 1 1 1
7	1	×	0 1 1 1	1	1 1 1 0 0 0 0
8	1	×	1 0 0 0	1	1 1 1 1 1 1 1
9	1	×	1 0 0 1	1	1 1 1 0 0 1 1
10	1	×	1 0 1 0	1	0 0 0 1 1 0 1
11	1	×	1 0 1 1	1	0 0 1 1 0 0 1
12	1	×	1 1 0 0	1	0 1 0 0 0 1 1
13	1	×	1 1 0 1	1	1 0 0 1 0 1 1
14	1	×	1 1 1 0	1	0 0 0 1 1 1 1
15	1	×	1 1 1 1	1	0 0 0 0 0 0 0

3.3.4 实验内容与步骤

（1）测试 74LS138 的逻辑功能。

把 74LS138 的输入端接开关电平，输出端接电平显示器，改变输入状态，观察输出端的状态，自拟表格记录数据。

（2）按图 3.3.3 接线，并测试逻辑功能，结果记入表 3.3.4。

表 3.3.4

A_i	0	0	0	0	1	1	1	1
B_i	0	0	1	1	0	0	1	1
C_{i-1}	0	1	0	1	0	1	0	1
S_i								
C_i								

（3）用 74LS138 设计一个两位二进制数值比较器，并测试逻辑功能，结果记入表 3.3.5。

表 3.3.5

A_1	0	0	0	0	0	0	0	0	1	1	1	1	1	1	1	1
A_0	0	0	0	0	1	1	1	1	0	0	0	0	1	1	1	1
B_1	0	0	1	1	0	0	1	1	0	0	1	1	0	0	1	1
B_0	0	1	0	1	0	1	0	1	0	1	0	1	0	1	0	1
$F_{A>B}$																
$F_{A<B}$																

（4）测试 74LS48 的逻辑功能。

把 74LS48 的输入端接开关电平，输出端接电平显示器，改变输入状态，观察输出端的状态，自拟表格记录数据。

（5）按图 3.3.6 连接 74LS48 和数码管，$A_3A_2A_1A_0$ 接逻辑开关，当 $A_3A_2A_1A_0$ 分别输入 0000、0001、0010、……、1111 时，观察数码管显示，自拟表格记录数据。

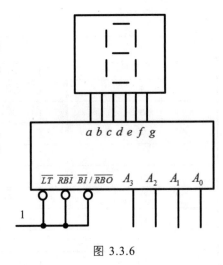

图 3.3.6

3.3.5 预习与思考

（1）复习译码器的相关内容。

（2）按实验内容要求设计电路，并根据所给的器件画出逻辑图和记录数据的表格。

（3）高电平有效和低电平有效有什么区别？

（4）译码器是怎样实现扩展的？

3.3.6 实验报告

（1）写出实验任务的设计过程，画出设计的逻辑电路图，并注明所用集成电路的引脚号。

（2）将测量结果记录在表格中。

（3）论证自己设计的逻辑电路的正确性及优缺点。

3.4 数据选择器的应用

3.4.1 实验目的

（1）掌握数据选择器的工作原理及逻辑功能。

（2）熟悉 74LS153、74LS151 的管脚排列和测试方法。

（3）掌握用集成数据选择器进行逻辑设计的方法。

3.4.2 实验仪器与设备

（1）数字电路实验箱 1 台；

（2）74LS153 双 4 选 1 数据选择器 1 片；

（3）74LS151 8 选 1 数据选择器 1 片；

（4）74LS04 反相器 1 片。

3.4.3 实验原理

数据选择器又叫多路选择器或多路开关，它是一种多输入单输出的组合逻辑电路。数据选择器有若干个数据输入端 D_0、D_1、D_2……，若干个控制输入端 A_0、A_1、A_2……和一个输出端 Y。在控制输入端加上适当的信号，即可从多路数据输入中选中一路送至输出端。通常，对于一个具有 N（$N = 2^n$）路数据输入和一路输出的多路选择器，应有 n 个选择控制变量。常用的数据选择器有 4 选 1 数据选择器（74LS153）和 8 选 1 数据选择器（74LS151）。

1. 双 4 选 1 数据选择器 74LS153

双 4 选 1 数据选择器就是在一块集成芯片上有两个 4 选 1 数据选择器，其逻辑符号和管脚排列如图 3.4.1 所示，其中 D_0、D_1、D_2、D_3 为数据输入端，A_1、A_0 为控制输入端，$\overline{S}$ 为是使能输入端，Y 为输出端。74LS153 的真值表见表 3.4.1。

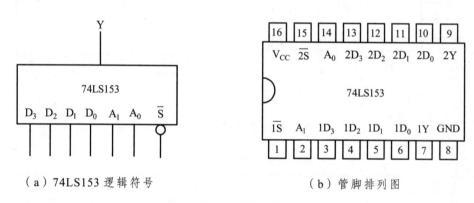

（a）74LS153 逻辑符号　　　　　　（b）管脚排列图

图 3.4.1　74LS153 逻辑符号图和管脚图

表 3.4.1　74LS153 真值表

输　　入				输　　出
$\overline{S}$	D	A_1	A_2	Y
1	×	×	×	0
0	D_0	0	0	D_0
0	D_1	0	1	D_1
0	D_2	1	0	D_2
0	D_3	1	1	D_3

由真值表可知：

当 $\overline{S} = 0$ 时，多路开关正常工作，输出表达式为：

$$Y = \overline{A_1}\,\overline{A_0}D_0 + \overline{A_1}A_0D_1 + A_1\overline{A_0}D_2 + A_1A_0D_3 = \sum_{i=0}^{3} m_iD_i$$

当 $\overline{S} = 1$ 时，多路开关被禁止，无输出，$Y = 0$。

2. 8选1数据选择器 74LS151

74LS151 是集成 8 选 1 数据选择器，其逻辑符号和管脚排列如图 3.4.2 所示。其中 D_0、D_1、D_2、D_3、D_4、D_5、D_6、D_7 为数据输入端，A_2、A_1、A_0 为控制输入端，$\overline{S}$ 为使能输入端，Y 为输出端。表 3.4.2 为 74LS151 的真值表。

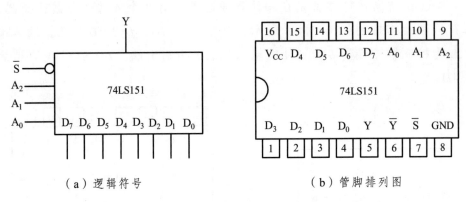

（a）逻辑符号　　　　　　　（b）管脚排列图

图 3.4.2　74LS151 逻辑符号和管脚图排列图

表 3.4.2　74LS151 真值表

输　入					输　出	
$\overline{S}$	A_2	A_1	A_0	D	Y	$\overline{Y}$
1	×	×	×	0	0	1
0	0	0	0	D_0	D_0	$\overline{D_0}$
0	0	0	1	D_1	D_1	$\overline{D_1}$
0	0	1	0	D_2	D_2	$\overline{D_2}$
0	0	1	1	D_3	D_3	$\overline{D_3}$
0	1	0	0	D_4	D_4	$\overline{D_4}$
0	1	0	1	D_5	D_5	$\overline{D_5}$
0	1	1	0	D_6	D_6	$\overline{D_6}$
0	1	1	1	D_7	D_7	$\overline{D_7}$

由真值表可知，

当 $\overline{S} = 0$ 时，多路开关正常工作，输出表达式为：

$$Y = \overline{A_2}\,\overline{A_1}\,\overline{A_0}D_0 + \overline{A_2}\,\overline{A_1}A_0D_1 + \overline{A_2}A_1\overline{A_0}D_2 + \overline{A_2}A_1A_0D_3 + A_2\overline{A_1}\,\overline{A_0}D_4$$
$$+ A_2\overline{A_1}A_0D_5 + A_2A_1\overline{A_0}D_6 + A_2A_1A_0D_7$$
$$= \sum_{i=0}^{7} m_iD_i$$

当 $\overline{S} = 1$ 时，多路开关被禁止，无输出，$Y = 0$。

3. 数据选择器的应用

数据选择器的输出逻辑表达式为 $Y = \sum_{i=0}^{2^{n-1}} m_iD_i$，可根据数据选择器的表达式来实现组合逻辑函数。

（1）具有 n 个选择控制变量的数据选择器实现 n 个变量函数的方法。

首先将函数化成最小项之和的形式，然后将函数的 n 个变量依次连接到数据选择器的 n 个选择变量端。确定数据输入端 D_i：若函数表达式中包含最小项 m_i，则相应数据选择器的 D_i 端输入 1，否则 D_i 端输入 0。

例 3.4.1 试用 8 选 1 数据选择器 74LS151 产生逻辑函数 $L(A,B,C) = m_2 + m_3 + m_5 + m_6$。

解： 令 $\overline{S} = 0, A_2 = A, A_1 = B, A_0 = C$，比较 Y 与 L，当 $D_2 = D_3 = D_5 = D_6 = 1, D_0 = D_1 = D_4 = D_7 = 0$ 时，$Y = L$。

具体电路如图 3.4.3 所示。

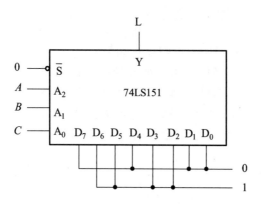

图 3.4.3　用 74LS151 实现例 3.4.1 的函数

（2）具有 $n-1$ 个选择控制变量的数据选择器实现 n 个变量函数功能的方法。

从函数的 n 个变量中任选 $n-1$ 变量作为数据选择器的选择控制变量，并根据所选定的选择控制变量，将函数变换成 $Y = \sum_{i=0}^{2^{n-1}} m_i D_i$ 的形式，以确定各数据输入 D_i。假定剩余变量为 X，则 D_i 的取值只可能是 0、1、X 或 $\overline{X}$ 四者之一。

例 3.4.2 试用 4 选 1 数据选择器 74LS153 产生逻辑函数 $L(A,B,C) = m_2 + m_3 + m_5 + m_6$。

解： 令 $\overline{S} = 0, A_1 = A, A_0 = B$，则有

$$L(A,B,C) = m_2 + m_3 + m_5 + m_6 = \overline{A}B\overline{C} + \overline{A}BC + A\overline{B}C + AB\overline{C}$$
$$= \overline{A}B \cdot \overline{C} + \overline{A}B \cdot C + A\overline{B} \cdot C + AB \cdot \overline{C} = \overline{A}\,\overline{B} \cdot 0 + \overline{A}B \cdot 1 + A\overline{B} \cdot C + AB \cdot \overline{C}$$
$$= m_0 \cdot 0 + m_1 \cdot 1 + m_2 \cdot C + m_3 \cdot \overline{C}$$

则 $D_0 = 0, D_1 = 1, D_2 = C, D_3 = \overline{C}$。

实现电路如图 3.4.4 所示。

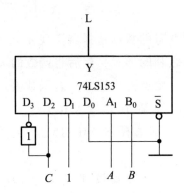

图 3.4.4 用 74LS153 实现例 2 的函数

3.4.4 实验内容与步骤

（1）测试 74LS153 和 74LS151 的逻辑功能。

（2）按图 3.4.3 接线，测试逻辑功能并列出测试表格。

（3）按图 3.4.4 接线，测试逻辑功能并列出测试表格。

（4）用 74LS153 实现全加器电路，写出设计过程，画出逻辑图。

（5）用 74LS153 实现两位数值比较器，写出设计过程，画出逻辑图。

3.4.5 预习与思考

（1）复习数据选择器的相关内容。

（2）按实验内容要求设计电路，并根据所给的器件画出逻辑图和记录数据的表格。

3.4.6　实验报告

（1）写出实验任务的设计过程，画出设计的逻辑电路图。

（2）总结 74LS153 和 74LS151 的逻辑功能和特点。

（3）论证自己设计的逻辑电路的正确性及优缺点。

3.5　组合逻辑电路的竞争与冒险

3.5.1　实验目的

（1）了解组合逻辑电路中的竞争-冒险现象。

（2）掌握竞争-冒险现象的判别方法。

（3）掌握消除竞争-冒险现象的方法。

3.5.2　实验仪器与设备

（1）74LS08 1 片；

（2）74LS32 1 片；

（3）74LS04 1 片；

（4）示波器 1 台。

3.5.3　实验原理

1.　竞争-冒险的产生

组合逻辑电路的输入是稳定的逻辑电平时，是不会产生竞争-冒险现象的。组合电路设计是在理想化条件下进行的，没有考虑输入逻辑门的延迟时间对电路产生的影响，并且认为逻辑电路的输入和输出均处于稳定的逻辑电平。实际上，输入信号经过逻辑门电路都需要一定的时间。由于不同路径上门的级数不同，信号经过不同路径传输的时间不同；或者门的级数相同，而各个门延迟时间的差异也会造成传输时间的不同。因此电路在信号电平变化瞬间，可能与稳态下的逻辑功能不一致，产生错误输出，这种现象就是逻辑电路中的竞争-冒险。产生竞争-冒险现象的两种典型情况如图 3.5.1 所示，从图中可以看出，由于门电路的延迟时间，在电路的输出端产生了干扰窄脉冲。

一个逻辑门的两个输入端的信号同时向相反方向变化，而变化的时间有差异的现象，称为竞争。由竞争而产生输出干扰脉冲的现象称为冒险。值得注意的是，有竞争不一定存在冒险。在一个复杂的逻辑系统中，由于信号的传输路径不同，或者各个信号延迟时间的差异、信号变化的互补性以及其他一些因素，很容易产生竞争-冒险现象。因此在逻辑电路设计中应尽量减少冒险产生。

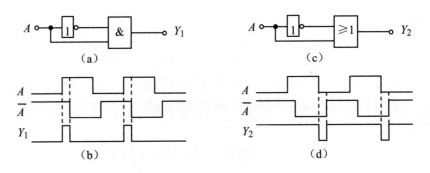

图 3.5.1　产生竞争 – 冒险的两种典型情况

2．判断竞争-冒险的方法

判断一个逻辑电路是否存在竞争 – 冒险现象的方法有代数法和卡诺图法。

（1）代数法：只要输出端的逻辑函数表达式在一定条件下能变换为 $F = A \cdot \overline{A}$ 或 $F = A + \overline{A}$ 的形式，则该组合逻辑电路就有可能存在竞争-冒险。例如：逻辑函数 $F = A\overline{B} + BC$，当 $A = C = 1$ 时，$F = \overline{B} + B$，因此 $F = A\overline{B} + BC$ 就可能存在竞争-冒险。

（2）卡诺图法：若逻辑函数表达式在卡诺图中存在相切的包围圈，则该组合逻辑电路有可能存在竞争-冒险。如图 3.5.2 所示，m_5 和 m_7 相邻，但它们分别在两个不同的包围圈中，因此这两个包围圈相切，所以该卡诺图对应的逻辑函数表达式 $F = A\overline{B} + BC$ 就可能存在竞争-冒险。

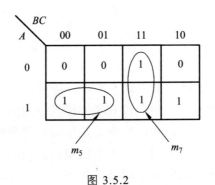

图 3.5.2

3．消除竞争-冒险的方法

（1）增加冗余项。

增加冗余项的方法，是在卡诺图中将相切的包围圈中相邻的最小项用包围圈连接起来，就可消除竞争-冒险现象。为了消除图 3.5.2 的竞争-冒险，用包围圈把 m_5 和 m_7 圈起来，如图 3.5.3 所示，则对应的逻辑表达式 $F = A\overline{B} + BC + AC$ 就不会出现竞争 – 冒险。

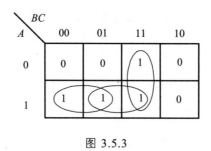

图 3.5.3

（2）输出端并联电容器。

对于工作速度不高的逻辑门构成的电路，为了消除竞争-冒险产生的干扰窄脉冲，可以在输出端并联一电容器，其容量为 4～20 pF。如图 3.5.4 所示，电容的并联使输出波形上升沿和下降沿变化比较缓慢，对窄脉冲起到平波的作用，从而可以消除输出端出现的逻辑错误。

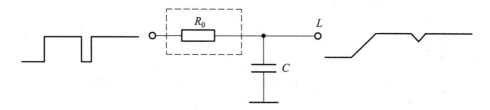

图 3.5.4　并联电容消除竞争-冒险

3.5.4　实验内容与步骤

（1）按图 3.5.5 所示电路接线，B 端输入 1 kHz 脉冲，当 $A = C = 1$ 时，用示波器观察输入信号 B 和输出信号 F 波形，判断有无竞争-冒险现象，画出波形图并记录结果。

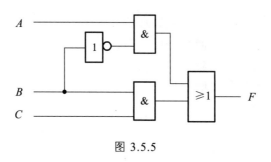

图 3.5.5

（2）按图 3.5.6 接线，B 端输入 1 kHz 脉冲，当 $A = C = 1$ 时，用示波器观察输入信号 B 和输出信号 F 波形，判断有无竞争-冒险现象，画出波形图并记录结果。

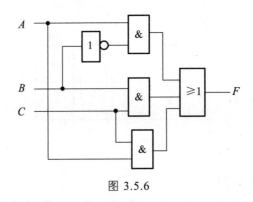

图 3.5.6

（3）在图 3.5.5 所示电路的输出端并联一个 220 μF 的电容，B 端输入 1 kHz 脉冲，当 $A = C = 1$ 时，用示波器观察输入信号 B 和输出信号 F 波形，判断有无竞争-冒险现象，画出波形图并记录结果。

3.5.5　预习与思考

（1）复习教材中竞争-冒险的相关内容。

（2）按实验内容要求画出记录数据的表格。

（3）$F = (A + B)(\overline{A} + C)$ 是否存在竞争-冒险？如何用冗余法消除？

3.5.6　实验报告

整理分析实验数据，总结消除竞争-冒险现象的方法。

3.6　触发器的应用

3.6.1　实验目的

（1）了解触发器构成方法和工作原理。

（2）掌握各类触发器的功能和特性。

（3）掌握触发器之间相互转换的方法。

（4）熟练地应用各种集成触发器。

3.6.2　实验仪器与设备

（1）数字电路实验箱 1 台；

（2）示波器 1 台；

（3）74LS112 双 JK 触发器 1 片；

（4）74LS74 双 D 触发器 1 片；

（5）74LS00 四组 2 输入与非门 1 片；

（6）74LS02 四组 2 输入或非门 1 片。

3.6.3 实验原理

触发器是一个具有记忆功能的二进制信息存储器件，是组成时序逻辑电路的基本单元。触发器有两个稳定状态，分别为逻辑状态"1"和"0"，在一定的外界信号作用下，触发器可以从一个稳定状态翻转到另一个稳定状态。触发器按逻辑功能可分为 RS 触发器、JK 触发器、D 触发器、T 触发器和 T′触发器。

1. 基本 RS 触发器

基本 RS 触发器由两个"与非"门交叉耦合组成，其电路图和逻辑符号如图 3.6.1（a）、（b）所示。从图 3.6.1（a）中可以看出，基本 RS 触发器有两个输入端 $\overline{R}$ 和 $\overline{S}$，两个输出端 Q 和 $\overline{Q}$。在正常工作时，这两个输出端的状态总是互补的。若 $Q=0$，$\overline{Q}=1$，称触发器处于"0"状态；若 $Q=1$，$\overline{Q}=0$，称触发器处于"1"状态。基本 RS 触发器的逻辑功能表见表 3.6.1。

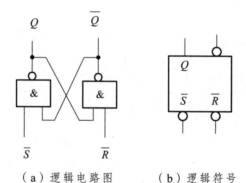

（a）逻辑电路图　　　（b）逻辑符号

图 3.6.1　与非门构成的基本 RS 触发器

表 3.6.1　与非门构成的基本 RS 触发器的功能表

输　　入		初　态	次　态	功能说明
$\overline{R}$	$\overline{S}$	Q^n	$\overline{Q}^{n+1}$	
0	0	0	1*	不允许
0	0	1	1*	
0	1	0	0	清 0
0	1	1	0	
1	0	0	1	置 1
1	0	1	1	
1	1	0	0	保持不变
1	1	1	1	

注：表中 1*为非正常输出。

2. 集成触发器

（1）JK 触发器。

JK 触发器是一种逻辑功能完善、使用灵活和通用性较强的集成触发器。74LS112 为双下降沿 JK 触发器。其管脚排列图及逻辑符号如图 3.6.2（a）、（b）所示。它有 3 种不同功能的输入端，第一种是直接置位、复位输入端，用 $\overline{R}_D$ 和 $\overline{S}_D$ 表示。在 $\overline{R}_D = 0$、$\overline{S}_D = 1$ 或 $\overline{R}_D = 1$、$\overline{S}_D = 0$ 时，触发器将不受其它输入端状态影响，直接置"0"或置"1"；当不需要直接置"0"或置"1"时，$\overline{R}_D$ 和 $\overline{S}_D$ 都应接高电平，不允许悬空，否则容易引入干扰信号。第二种是时钟脉冲输入端，用来控制触发器触发翻转，用 CP 表示。逻辑符号中 CP 端处若标记为"∧"，则表示触发器在时钟脉冲上升沿发生翻转；若再加个"○"，则表示触发器在时钟脉冲下降沿发生翻转。第三种是数据输入端，它是触发器状态更新的依据，用 J、K 表示。JK 触发器的特性方程为：$Q^{n+1} = J\overline{Q}^n + \overline{K}Q^n$。$Q^n$ 为现态，Q^{n+1} 为更新后的状态。JK 触发器 74LS112 的功能表见表 3.6.2。

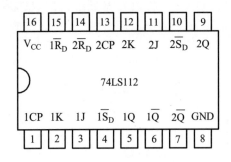

（a）74LS112T 管脚排列图

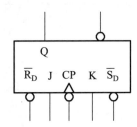

（b）74LS112 逻辑符号

图 3.6.2　JK 触发器的管脚排列图和逻辑符号图

表 3.6.2　JK 触发器 74LS112 的功能表

输　　入					输　　出	
$\overline{S}_D$	$\overline{R}_D$	CP	J	K	Q^{n+1}	$\overline{Q}^{n+1}$
0	1	×	×	×	1	0
1	0	×	×	×	0	1
0	0	×	×	×	φ	φ
1	1	↓	0	0	Q^n	$\overline{Q}^n$
1	1	↓	0	1	0	1
1	1	↓	1	0	1	0
1	1	↓	1	1	$\overline{Q}^n$	Q^n

注：×为任意态，↓为下降沿，$Q^n(\overline{Q}^n)$ 为现态，$Q^{n+1}(\overline{Q}^{n+1})$ 为次态，φ为不定态。

（2）D 触发器。

在输入信号为单端的情况下，D 触发器用起来最为方便。D 触发器 74LS74 的管脚排列图和逻辑符号如图 3.6.3（a）、（b）所示。D 触发器是在 CP 脉冲上升沿触发，触发器的状态取决于 CP 脉冲到来之前 D 端的状态，状态方程为：$Q^{n+1} = D$。74LS74 型双 D 触发器的功能表见表 3.6.3。

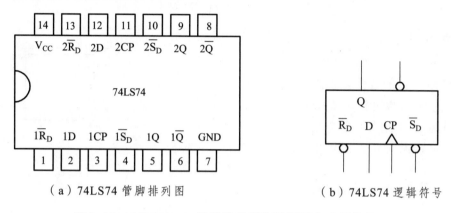

（a）74LS74 管脚排列图　　　　　（b）74LS74 逻辑符号

图 3.6.3　74LS74　D 触发器的管脚排列图和逻辑符号

表 3.6.3　74LS74 功能表

输　入				输　出	
$\overline{S}_{D}$	$\overline{R}_{D}$	CP	D	Q^{n+1}	$\overline{Q}^{n+1}$
0	1	×	×	1	0
1	0	×	×	0	1
0	0	×	×	φ	φ
1	1	↑	1	1	0
1	1	↑	0	0	1

注：↑为上升沿。

3. 各触发器之间的转换

在集成触发器中，每一种触发器都有自己固定的逻辑功能，但可以利用转换的方法获得具有其他功能的触发器。

例 3.6.1　将 JK 触发器转换为 T 触发器。

转换思路：将两触发器的特性方程进行比较，从而确定两触发器输入端的关系。

T 触发器特性方程：$Q^{n+1} = T\overline{Q}^{n} + \overline{T}Q^{n}$

JK 触发器的特性方程：$Q^{n+1} = J\overline{Q}^{n} + \overline{K}Q^{n}$

比较两方程可得：$\begin{cases} J = T \\ K = T \end{cases}$

具体电路如图 3.6.4 所示。

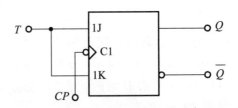

图 3.6.4　由 JK 触发器构成的 T 触发器

例 3.6.2　将 D 触发器转换为 T′ 触发器。

D 触发器特性方程为：$Q^{n+1} = D$

T′ 触发器的特性方程为：$Q^{n+1} = \overline{Q}^n$

比较两方程可得：$D = \overline{Q}$

具体电路如图 3.6.5 所示。

转换后的触发器其触发方式仍不变。

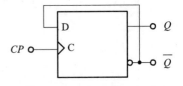

图 3.6.5　由 D 触发器构成的
T′ 触发器

3.6.4　实验内容与步骤

1. 测试低电平有效的基本 RS 触发器的逻辑功能

按图 3.6.1 接线，输入端 $\overline{R}$、$\overline{S}$ 接逻辑开关，输出端 Q、$\overline{Q}$ 接电平指示器，按表 3.6.4 要求测试逻辑功能并记录。

表 3.6.4

$\overline{R}$	$\overline{S}$	Q^n	Q^{n+1}	$\overline{Q^{n+1}}$
1	1→0	0		
	0→1	1		
1→0	1	0		
0→1		1		
0	0	0		
0	0	1		

2. 测试 JK 触发器 74LS112 逻辑功能

（1）测试 $\overline{R}_D$、$\overline{S}_D$ 的复位、置数功能。

任取一只集成 JK 触发器 74LS112，将 $\overline{R}_D$、$\overline{S}_D$、J、K 端接逻辑开关，CP 端接单次脉冲，Q、$\overline{Q}$ 端接电平指示器，在 $\overline{R}_D = 0$ 以及 $\overline{S}_D = 1$，$\overline{R}_D = 1$、$\overline{S}_D = 0$ 期间任意改变 J、K 及 CP 状态，观察 Q、$\overline{Q}$ 状态并记录。

（2）测试 JK 触发器的逻辑功能。

任取一只集成 JK 触发器 74LS112，将 $\overline{R}_D$ 和 $\overline{S}_D$ 置 1，J、K 端接逻辑开关，CP 端接单次脉冲，Q、$\overline{Q}$ 端接电平指示器。按表 3.6.5 要求改变 J、K、CP 端状态，观察 Q、$\overline{Q}$ 状态变化并记录。

（3）将 JK 触发器的 J、K 端连在一起接电源，构成 T′ 触发器。

CP 端输入 1 Hz 连续脉冲，用电平指示器观察 Q 端变化情况。

CP 端输入 1 kHz 连续脉冲，用双踪示波器观察 CP 和 Q。

表 3.6.5

J	K	CP	Q^{n+1}	
			$Q^n = 0$	$Q^n = 1$
0	0	0→1		
		1→0		
0	1	0→1		
		1→0		
1	0	0→1		
		1→0		
1	1	0→1		
		1→0		

3. 测试 D 触发器 74LS74 的逻辑功能

（1）测试 $\overline{R}_D$、$\overline{S}_D$ 的复位、置位功能。

任取一只集成 D 触发器 74LS74，将 $\overline{R}_D$、$\overline{S}_D$、D 端接逻辑开关，CP 端接单次脉冲，Q、$\overline{Q}$ 端接电平指示器，在 $\overline{R}_D = 0$、$\overline{S}_D = 1$ 及 $\overline{R}_D = 1$、$\overline{S}_D = 0$ 期间任意改变 D 及 CP 状态，观察 Q、$\overline{Q}$ 状态并记录。

（2）测试 D 触发器 74LS74 的逻辑功能。

任取一只集成 D 触发器 74LS74，将 $\overline{R}_D$ 和 $\overline{S}_D$ 置 1，D 端接逻辑开关，CP 端接单次脉冲，Q、$\overline{Q}$ 端接电平指示器。按表 3.6.6 要求改变 D、CP 端状态，观察 Q、$\overline{Q}$ 状态变化并记录。

表 3.6.6

D	CP	Q^{n+1}	
		$Q^n = 0$	$Q^n = 0$
0	0→1		
	1→0		
1	0→1		
	1→0		

（3）将集成 D 触发器 74LS74 的 D 端与 $\overline{Q}$ 端相连接，构成 T′ 触发器。

CP 端输入 1 Hz 连续脉冲，用电平指示器观察 Q 端变化情况。

CP 端输入 1 kHz 连续脉冲，用双踪示波器观察 CP 和 Q。

3.6.5　预习与思考

（1）复习触发器的基本类型及其逻辑功能。

（2）列出各触发器功能测试表格。

（3）JK 触发器和 D 触发器在实现正常逻辑功能时，$\overline{R}_D$、$\overline{S}_D$ 应处于什么状态？

3.6.6　实验报告

（1）列表整理各类型触发器的逻辑功能。

（2）总结观测到的波形，说明触发器的触发方式。

（3）整理实验记录并对结果进行分析。

3.7　集成计数器的应用

3.7.1　实验目的

（1）掌握中规模集成计数器的逻辑功能和使用方法。

（2）掌握用集成计数器 74LS161 实现任意进制计数器的方法。

3.7.2　实验仪器与设备

（1）数字电路实验箱 1 台；

（2）示波器 1 台；

（3）74LS161 四位二进制同步加计数器 2 片；

（4）74LS04 六反相器 1 片；

（5）74LS00 四组 2 输入与非门 1 片；

（6）74LS10 三组 3 输入与非门 1 片；

（7）74LS20 二组 2 输入与非门 1 片。

3.7.3　实验原理

　　计数器是用来累计时钟脉冲（CP 脉冲）个数的时序逻辑部件，它在数字系统中应用广泛，它不仅可以计数，还兼有分频功能。计数器是由基本的计数单元和一些控制门所组成，计数单元则由一系列具有存储信息功能的各类触发器构成，这些触发器有 RS 触发器、T 触发器、D 触发器及 JK 触发器等。计数器的种类很多，按时钟脉冲输入方式的不同，可分为同步计数器和异步计数器；按进位体制的不同，可分为二进制计数器和非二进制计数器；按计数过程中数字增减趋势的不同，可分为加计数器、减计数器和可逆计数器。

1. 集成计数器 74LS161

74LS161 是 4 位二进制同步计数器，其引脚排列图和逻辑符号如图 3.7.1（a）、（b）所示。其中 $\overline{CR}$ 为清零端；$\overline{PE}$ 为置数端；CP 为计数脉冲输入端；TC 为进位输出端；Q_3、Q_2、Q_1、Q_0 为计数器输出端；D_3、D_2、D_1、D_0 为数据输入端；CET、CEP 为工作状态控制端。

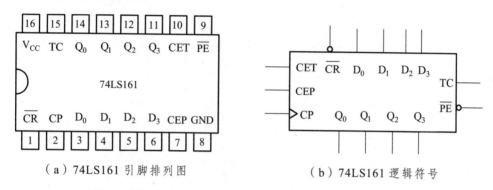

（a）74LS161 引脚排列图　　　　（b）74LS161 逻辑符号

图 3.7.1　74LS161 引脚排列图和逻辑符号

74LS161 的功能表如表 3.7.1 所示。

表 3.7.1　74LS161 功能表

输　入						输　出	
清零	预置	使能		时钟	预置数据输入	计　数	进　位
$\overline{CR}$	$\overline{PE}$	CEP　CET		CP	$D_3D_2D_1D_0$	$Q_3Q_2Q_1Q_0$	TC
0	×	×　　×		×	××××	0000	0
1	0	×　　×		↑	$D_3D_2D_1D_0$	$D_3D_2D_1D_0$	*
1	1	0　　×		×	××××	保　持	*
1	1	×　　0		×	××××	保　持	*
1	1	1　　1		↑	××××	计　数	*

由功能表可知，74LS161 具有如下功能：

（1）异步清零功能。

当 $\overline{CR}=0$ 时，不管其他输入信号为何状态，计数器直接清零，$Q_3Q_2Q_1Q_0=0000$。

（2）同步置数功能。

当 $\overline{CR}=1$，$\overline{PE}=0$，$CP=\uparrow$ 时，不管其他输入信号为何状态，并行输入数据，使 $Q_3Q_2Q_1Q_0=D_3D_2D_1D_0$，完成置数功能。

（3）保持功能。

当 $\overline{CR}=\overline{PE}=1$，$CEP \cdot CET=0$ 时，计数器保持状态不变，$Q_3^{n+1}Q_2^{n+1}Q_1^{n+1}Q_0^{n+1}=Q_3^nQ_2^nQ_1^nQ_0^n$

（4）计数功能。

当 $\overline{CR} = \overline{PE} = CEP = CET = 1$，$CP = \uparrow$ 时，74LS161 处于计数状态，每来一个时钟脉冲，$Q_3Q_2Q_1Q_0$ 的值加 1，状态表如表 3.7.2 所示。

表 3.7.2

CP	Q_3	Q_2	Q_1	Q_0
0	0	0	0	0
1	0	0	0	1
2	0	0	1	0
3	0	0	1	1
4	0	1	0	0
5	0	1	0	1
6	0	1	1	0
7	0	1	1	1
8	1	0	0	0
9	1	0	0	1
10	1	0	1	0
11	1	0	1	1
12	1	1	0	0
13	1	1	0	1
14	1	1	1	0
15	1	1	1	1
16	0	0	0	0

2. 用集成计数器 74LS161 构成任意进制计数器

例 3.7.1　用 74LS161 构成九进制加计数器。

解：九进制计数器有 9 个状态，而 74LS161 在计数过程中有 16 个状态。如果设法跳过多余的 7 个状态，则可实现 9 进制计数器。

方法一：反馈清零法，连接电路如图 3.7.2 所示。

方法二：反馈置数法，连接电路如图 3.7.3 所示。

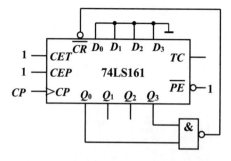

图 3.7.2 用反馈清零实现九进制计数器

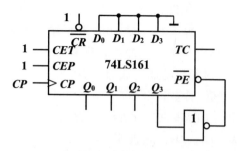

图 3.7.3 用反馈置数法实现九进制计数器

例 3.7.2 用 2 片 74LS161 扩展成 256 进制加计数器。

解： 可以用时钟同步的扩展方法，将低位的进位输出端 TC 接到高位的使能端 CET 和 CEP，如图 3.7.4 所示。也可以用异步的扩展方法，如图 3.7.5 所示。

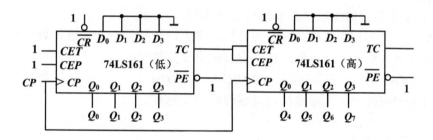

图 3.7.4 同步扩展的 256 进制计数器

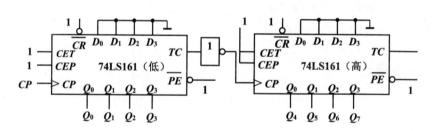

图 3.7.5 异步扩展的 256 进制计数器

3.7.4 实验内容与步骤

（1）测试 74LS161 的逻辑功能。

计数脉冲由单次脉冲源提供，清零端 $\overline{CR}$、置数端 $\overline{PE}$、数据输入端 $D_A D_B D_C D_D$ 分别接逻辑开关，计数器的输出端 Q_A、Q_B、Q_C、Q_D 分别与数码管输入端 A、B、C、D 和电平指示器相接。

按表 3.7.1 逐项测试 74LS161 逻辑功能，判断此集成电路功能是否正常。

① 清零。

令 $\overline{CR} = 0$，其他输入为任意状态，观察数码管是否显示为 0。清零后，置 $\overline{CR} = 1$。

② 置数。

令 $\overline{CR}=1$，$\overline{PE}=0$，数据输入端输入任意一组二进制数 $D_DD_CD_BD_A=dcba$，当 CP 输入一个单脉冲后，观察电平指示器的状态是否与 $dcba$ 相同？

预置数功能完成后，置 $\overline{PE}=1$。

③ 计数。

令 $\overline{CR}=\overline{PE}=CET=CEP=1$，$CP$ 端输入 1 kHz 矩形脉冲，用示波器观察 CP、Q_0、Q_1、Q_2、Q_3 波形。

（2）用一片 74LS161 组成七进制计数器，该计数器的状态为：

$0000\to0001\to0010\to0011\to0100\to0101\to0110\to0000$。将计数器的输出端 Q_A、Q_B、Q_C、Q_D 和数码管输入端 A、B、C、D 相接，观察数码管变化规律。

（3）用一片 74LS161 组成模七进制计数器，该计数器的状态为：$0011\to0100\to0101\to0110\to0111\to1000\to1001\to0011$。将计数器的输出端 Q_A、Q_B、Q_C、Q_D 和电平指示器相接，观察输出变化规律。

（4）用两片 74LS161 组成一个按自然二进制码计数的二十五进制加计数器。将计数器的输出端和电平指示器相接，观察输出变化规律。

（5）用两片 74LS161 组成按 8421BCD 码计数的二十五进制加计数器。将计数器的输出端和数码管输入端相接，观察数码管变化规律。

3.7.5 预习与思考

（1）复习计数器的相关内容。

（2）根据实验要求画出电路图。

3.7.6 实验报告

（1）画出实验线路图，整理实验数据并对实验结果进行分析。

（2）总结用中规模集成计数器构成任意进制计数器的方法。

3.8 移位寄存器的应用

3.8.1 实验目的

（1）掌握移位寄存器的逻辑功能和使用方法。

（2）掌握集成移位寄存器的应用。

3.8.2 实验仪器与设备

（1）数字电路实验箱 1 台；

（2）示波器 1 台；

（3）74LS194 四位双向移位寄存器 2 片；

（4）74LS00 四组 2 输入与非门 1 片；

（5）74LS04 六反相器 1 片。

3.8.3 实验原理

移位寄存器不仅能寄存数据，还能在时钟脉冲信号的作用下使其中的数据依次向高位（左移）或向低位（右移）移动，既能左移又能右移的称为双向移位寄存器。移位寄存器的应用很广，它主要应用于实现数据传输方式的转换、脉冲分配、序列信号产生以及时序逻辑电路的周期性循环控制（计数器）等。

1. 74LS194

74LS194 是四位双向移位寄存器，其引脚排列如图 3.8.1 所示，D_A、D_B、D_C、D_D 为并行数据输入端；Q_A、Q_B、Q_C、Q_D 为并行数据输出端；S_R 为右移串行输入端；S_L 为左移串行输入端；S_1、S_0 为控制端；$\overline{CR}$ 为异步清零端；CP 为时钟脉冲输入端。74LS194 功能表见表 3.8.1。

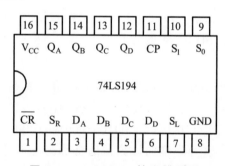

图 3.8.1　74LS194 管脚排列图

表 3.8.1　四位移位寄存器 74LS194 功能表

CP	$\overline{CR}$	S_1	S_0	功能	$Q_A Q_B Q_C Q_D$
×	0	×	×	清除	$\overline{CR} = 0$，使 $Q_A Q_B Q_C Q_D = 0000$，寄存器正常工作时，$\overline{CR} = 1$。
↑	1	1	1	送数	CP 上升沿作用后，并行输入数据送入寄存器。$Q_A Q_B Q_C Q_D = D_A D_B D_C D_D$，此时串行数据（$S_R$、$S_L$）被禁止。
↑	1	0	1	右移	串行数据送至右移输入端 S_R，CP 上升沿进行右移，$Q_A Q_B Q_C Q_D = S_R\, Q_A^n Q_B^n Q_C^n$
↑	1	1	0	左移	串行数据送至左移输入端 S_L，CP 上升沿进行左移，$Q_A Q_B Q_C Q_D = Q_B^n Q_C^n Q_D^n S_L$
↑	1	0	0	保持	$Q_A Q_B Q_C Q_D = Q_A^n Q_B^n Q_C^n Q_D^n$
↓	1	×	×	保持	$Q_A Q_B Q_C Q_D = Q_A^n Q_B^n Q_C^n Q_D^n$

由功能表可知，74LS194 具有如下功能：

（1）异步清零功能。

当 $\overline{CR} = 0$ 时，不管其他输入端为何，移位寄存器输出端清零，即 $Q_A Q_B Q_C Q_D = 0000$。

（2）同步送数功能。

当 $\overline{CR} = 1$，控制端 $S_1 S_0 = 11$，且时钟脉冲上升沿来到时，移位寄存器执行并行输入数据，$Q_A Q_B Q_C Q_D = D_A D_B D_C D_D$。

（3）右移功能。

当 $\overline{CR} = 1$，控制端 $S_1 S_0 = 01$，且时钟脉冲上升沿来到时，移位寄存器执行右移功能，$Q_A Q_B Q_C Q_D = S_R Q_A^n Q_B^n Q_C^n$（方向由 $Q_A \rightarrow Q_D$）。

（4）左移功能。

当 $\overline{CR} = 1$，控制端 $S_1 S_0 = 10$，且时钟脉冲上升沿来到时，移位寄存器执行左移功能，$Q_A Q_B Q_C Q_D = Q_B^n Q_C^n Q_D^n S_L$（方向由 $Q_D \rightarrow Q_A$）。

（5）保持功能。

当 $\overline{CR} = 1$，控制端 $S_1 S_0 = 00$ 时，移位寄存器保持原状态不变，$Q_A Q_B Q_C Q_D = Q_A^n Q_B^n Q_C^n Q_D^n$。

2. 双向移位寄存器 74LS194 的应用

（1）环形计数器。

将移位寄存器的输出 Q_D 连接到它的右移串行输入端 S_R，就可以进行循环移位。如图 3.8.2（a）所示为四位寄存器。设初始状态 $Q_A Q_B Q_C Q_D = 1000$，则在时钟脉冲作用下，$Q_A Q_B Q_C Q_D$ 将依次变为 0100→0010→0001→1000→……可见它是一个具有四个有效状态的计数器，这种类型的计数器通常称为环形计数器。图 3.8.2（b）为其波形图。由波形图可知，该电路可以在各个输出端输出在时间上有先后顺序的脉冲，因此也叫作顺序脉冲发生器。

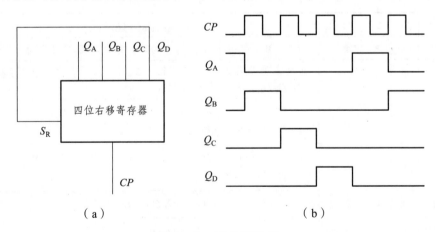

图 3.8.2　四位寄存器

（2）实现数据串、并行转换。

移位寄存器可以实现数据的串并行转换，如把串行输入的数据转换成并行输出、把并行输入的数据转换成串行输出，其原理如图 3.8.3 所示。

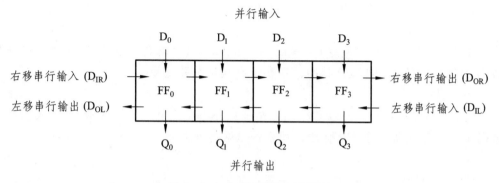

图 3.8.3　串/并行转换原理图

3.8.4　实验内容与步骤

（1）测试 74LS194 的逻辑功能。

将 74LS194 的 $\overline{CR}$、S_1、S_0、S_L、S_R、D_A、D_B、D_C、D_D 分别接逻辑开关，Q_A、Q_B、Q_C、Q_D 接电平指示灯，CP 接单次脉冲信号，按表 3.8.2 所规定的输入状态逐项进行测试。

表 3.8.2

清除	模式		时钟	串行		输入	输出	功能
$\overline{CR}$	S_1	S_0	CP	S_L	S_R	$D_A D_B D_C D_D$	$Q_A Q_B Q_C Q_D$	
0	×	×	×	×	×	× × × ×		
1	1	1	↑	×	×	$a\ b\ c\ d$		
1	0	1	↑	×	0	× × × ×		
1	0	1	↑	×	1	× × × ×		
1	0	1	↑	×	0	× × × ×		
1	0	1	↑	×	0	× × × ×		
1	1	0	↑	1	×	× × × ×		
1	1	0	↑	1	×	× × × ×		
1	1	0	↑	1	×	× × × ×		
1	1	0	↑	1	×	× × × ×		
1	0	0	↑	×	×	× × × ×		

① 清除。

令 $\overline{CR} = 0$，其他输入均为任意状态，这时寄存器输出 Q_A、Q_B、Q_C、Q_D 均为零。清除功能完成后，置 $\overline{CR} = 1$。

② 送数。

令 $\overline{CR} = S_1 = S_0 = 1$，送入任意四位二进制数，如 $D_A D_B D_C D_D = abcd$，加 CP 脉冲，观察 $CP = 0$、CP 由 $0 \rightarrow 1$、CP 由 $1 \rightarrow 0$ 三种情况下寄存器输出状态的变化，分析寄存器输出状态变化是否发生在 CP 脉冲上升沿并记录。

③ 右移。

先清零（$\overline{CR} = 0$），再令 $\overline{CR} = 1$、$S_1 = 0$、$S_0 = 1$，由右移输入端 S_R 送入二进制数码 0100，连续加四个 CP 脉冲，观察输出端情况并记录。

④ 左移。

先清零（$\overline{CR} = 0$），再令 $\overline{CR} = 1$、$S_1 = 1$、$S_0 = 0$，由左移输入端 S_L 送入二进制数码 1111，连续加四个 CP 脉冲，观察输出端情况并记录。

⑤ 保持。

寄存器数据输入端 $D_A D_B D_C D_D$ 预置任意四位二进制数码，如 1011。令 $\overline{CR} = 1$、$S_1 = S_0 = 1$，加 CP 脉冲，观察寄存器输出状态，并记录。

（2）用一片 74LS194 设计一个环形计数器，给定初值为 $Q_A Q_B Q_C Q_D = 1000$，要求状态表如表 3.8.3 所示。

表 3.8.3

CP	Q_A	Q_B	Q_C	Q_D
0	1	0	0	0
1	0	1	0	0
2	0	0	1	0
3	0	0	0	1
4	1	0	0	0

（3）用一片 74LS194 设计一个扭环形计数器，给定初值为 $Q_A Q_B Q_C Q_D = 0000$，要求状态表如表 3.8.4 所示。

表 3.8.4

CP	Q_A	Q_B	Q_C	Q_D
0	0	0	0	0
1	0	0	0	1
2	0	0	1	1
3	0	1	1	1
4	1	1	1	1
5	1	1	1	0
6	1	1	0	0
7	1	0	0	0
8	0	0	0	0

（4）用一片 74LS194 按如下要求实现数据的串、并行转换，要求画出逻辑图，自拟表格记录数据。

① 串行输入、串行输出；
② 并行输入、并行输出；
③ 并行输入、串行输出；
④ 串行输入、并行输出。

3.8.5　实验报告

（1）整理实验数据。
（2）分析表 3.8.3 的实验结果，总结移位寄存器 74LS194 的逻辑功能，写入表 3.8.2 功能总结一栏中；
（3）对实验中的异常现象进行分析。

3.8.6　预习要求

（1）复习有关移位寄存器的相关内容。
（2）预习实验内容，按照要求画出电路图并列出测试表格。

3.8.7　思考题

（1）如何用 D 触发器设计一个双向移位寄存器？
（2）74LS194 最多能构成几进制计数器，如何设计？

3.9　555 定时器的应用

3.9.1　实验目的

（1）熟悉 555 定时器的电路结构、工作原理及其特点。
（2）掌握 555 定时器的基本应用。

3.9.2　实验仪器与设备

（1）数字电路实验箱 1 台；
（2）示波器 1 台；
（3）5G555 集成块 2 片；
（4）电容、电阻若干。

3.9.3 实验原理

1. 555 定时器的工作原理

集成定时器又称 555 电路，它是一种模拟、数字混合型的中规模集成电路，由于内部电压标准使用了三个 $5k\Omega$ 电阻，故又取名 555 电路。它在测量与控制、家用电器和电子玩具等许多领域得到了广泛的应用。555 定时器只要外接少量的电阻、电容等元件，就可以构成单稳态触发器、多谐振荡器和施密特触发器。555 定时器电路类型有双极型和 CMOS 型两大类，两者的结构和工作原理类似，几乎所有的双极型产品型号最后的三位数码都是 555 或 556；所有的 CMOS 产品型号最后四位数码都是 7555 或 7556，它们的功能和引脚排列完全相同。图 3.9.1 为 5G555 定时器内部逻辑图和引脚排列图。

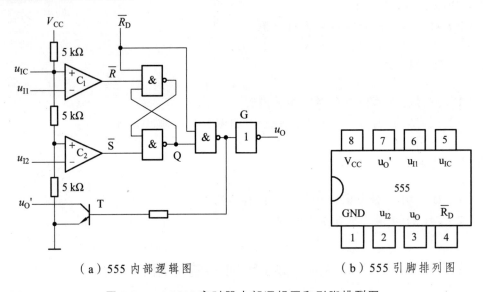

（a）555 内部逻辑图　　　　　（b）555 引脚排列图

图 3.9.1　5G555 定时器内部逻辑图和引脚排列图

555 定时器由分压器、比较器、基本 RS 触发器、放电管和输出缓冲器组成。比较器的参考电压由 3 个 $5k\Omega$ 的电阻组成的分压器提供，它们分别使比较器 C_1 的同相输入端和 C_2 的反相输入端的电位为 $\frac{2}{3}V_{CC}$ 和 $\frac{1}{3}V_{CC}$，u_{IC}（引脚 5）是控制电压端，平时输出作为比较器的参考电压，当它外接一个输入电压，就可以方便地改变比较器的比较电压值。当控制电压端 u_{IC}（引脚 5））不用时，需在该端与地之间接个约 0.01 μF 的电容，起滤波作用，以消除外来的干扰，确保参考电压的稳定。比较器 C_1 的反相端输入端 u_{I1}（引脚 6），称为阈值输入端；C_2 的同相输入端 u_{I2}（引脚 2），称为触发输入端。比较器的工作原理为：当 $U_+ > U_-$ 时，$U_o = 1$；当 $U_+ < U_-$ 时，$U_o = 0$。基本 RS 触发器由两个与非门构成，$\overline{R}_D$（引脚 4）为复位端，当 $\overline{R}_D = 0$ 时，$U_o = 0$；当 $\overline{R}_D = 1$ 时，触发器的状态受比较器输入 u_{I1} 和 u_{I2} 的控制。当 $u_{I1} > \frac{2}{3}V_{CC}$，$u_{I2} > \frac{1}{3}V_{CC}$

时，$\overline{R}=0$，$\overline{S}=1$，所以 $Q=1$；当 $u_{\text{I1}}<\dfrac{2}{3}V_{\text{CC}}$，$u_{\text{I2}}>\dfrac{1}{3}V_{\text{CC}}$ 时，$\overline{R}=1$，$\overline{S}=1$，所以 Q 保持不变；当 $u_{\text{I2}}<\dfrac{1}{3}V_{\text{CC}}$ 时，$\overline{S}=0$，所以 $Q=1$。输出缓冲器由接在输出端的非门构成，其作用是提高定时器的带负载能力，隔离负载对定时器的影响。非门的输出为定时器的输出端 u_{O}（引脚 3）。放电管 T 在此电路中作为开关使用，其状态受触发器 $\overline{Q}$ 端控制，当 $\overline{Q}=0$ 时 T 截止，当 $\overline{Q}=1$ 时 T 饱和导通。放电管 T 的集电极 u_{O}'（引脚 7）为放电端。表 3.9.1 为 5G555 的功能表。

表 3.9.1　5G555 定时器功能表

输　入			输　出	
阈值输入（u_{I1}）	触发输入（u_{I2}）	复位（$\overline{R}_{\text{D}}$）	输出（u_{O}）	放电管 T
×	×	0	0	导通
$<\dfrac{2}{3}V_{\text{CC}}$	$<\dfrac{1}{3}V_{\text{CC}}$	1	1	截止
$>\dfrac{2}{3}V_{\text{CC}}$	$>\dfrac{1}{3}V_{\text{CC}}$	1	0	导通
$<\dfrac{2}{3}V_{\text{CC}}$	$>\dfrac{1}{3}V_{\text{CC}}$	1	不变	不变

2. 集成 555 定时器典型应用

（1）构成单稳态触发器。

图 3.9.2（a）是由 5G555 定时器构成的单稳态触发器。假设通电前电容 C 上的电压为 0。接通电源 V_{CC}，V_{CC} 通过 R 给 C 充电，u_C 上升，当上升到 $\dfrac{2}{3}V_{\text{CC}}$（此时 u_{I} = 1），$u_{\text{O}}=0$，T 导通；然后 C 通过 T 放电，u_C 下降，当 $u_C=0$ 时，电路进入稳态，此时 $u_{\text{O}}=0$，$u_C=0$。

当 u_{I} 由高电平跳变到低电平时，即 $u_{\text{I2}}<\dfrac{1}{3}V_{\text{CC}}$，故 $u_{\text{O}}=1$，T 截止，电路状态由稳态翻转到暂态；然后电源 V_{CC} 通过 R 给 C 充电，u_C 上升，当上升到 $\dfrac{2}{3}V_{\text{CC}}$（假设此时 u_{I} 为高电平）时，$u_{\text{O}}=0$，T 导通。最后电容器 C 通过 T 放电，使电容上的电压为 0。电路由暂稳态自动返回到稳态。暂稳态时间由 RC 电路参数决定。

单稳态触发器在负脉冲触发作用下，由稳态翻转到暂稳态。由于电容器充电，又由暂稳态自动返回稳态。这一转换过程为单稳态触发器的一个工作周期。其波形图如图 3.9.2（b）所示。

输出脉冲宽度为：$t_{\text{w}}=RC\ln 3=1.1RC$

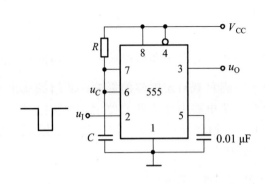

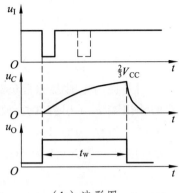

（a）单稳态触发器电路图　　　　　　（b）波形图

图 3.9.2　单稳态触发器电路图与波形图

（2）构成施密特触发器。

图 3.9.3（a）是由 5G555 定时器构成的施密特触发器。当 $0 < u_I < \dfrac{1}{3}V_{CC}$，即 $u_{I2} < \dfrac{1}{3}V_{CC}$ 时，$u_O = 1$；当 $\dfrac{1}{3}V_{CC} < u_I < \dfrac{2}{3}V_{CC}$，即 $u_{I1} > \dfrac{1}{3}V_{CC}$，$u_{I2} < \dfrac{2}{3}V_{CC}$ 时，u_O 保持不变；当 $u_I > \dfrac{2}{3}V_{CC}$ 时，即 $u_{I1} > \dfrac{1}{3}V_{CC}$，$u_{I2} > \dfrac{2}{3}V_{CC}$ 时，$u_O = 0$。图 3.9.3（b）为电压传输特性曲线，图 3.9.3（c）所示是输入为三角波时的输出波形。

由波形图可知：$U_{T+} = \dfrac{2}{3}V_{CC}$，$U_{T-} = \dfrac{1}{3}V_{CC}$

回差电压：$\Delta U = U_{T+} - U_{T-} = \dfrac{2}{3}V_{CC} - \dfrac{1}{3}V_{CC} = \dfrac{1}{3}V_{CC}$

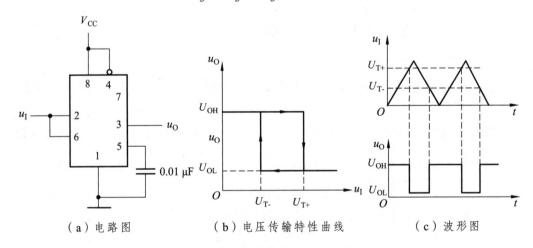

（a）电路图　　　　　（b）电压传输特性曲线　　　　　（c）波形图

图 3.9.3　施密特触发器电路图及波形图

（3）构成多谐振荡器。

图 3.9.4（a）为 555 定时器构成的多谐振荡器。假设通电前电容 C 上的电压为 0。接通电源瞬间，由于电容上的电压不能突变，所以 $u_C = 0$，此时 $u_O = 1$，T 截止；

然后电源 V_{CC} 通过 R_1、R_2 给电容充电，电容上的电压逐渐升高，当 u_C 上升到 $\frac{2}{3}V_{CC}$ 时，$u_O = 0$，T 导通，然后电容器 C 经 R_2 和三极管 T 放电，电容上的电压逐渐下降，当 u_C 下降到 $\frac{1}{3}V_{CC}$ 时，$u_O = 1$，T 截止，电源 V_{CC} 又通过 R_1 和 R_2 给电容器 C 充电，如此反复形成振荡，在输出端得到矩形波，输出波形如图 3.9.4（b）。

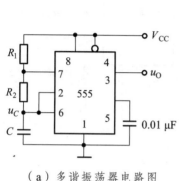

（a）多谐振荡器电路图   （b）波形图

图 3.9.4　多谐振荡器电路图及波形图

周期的计算：

$$t_2 = (R_1 + R_2)C \ln 2 \approx 0.7(R_1 + R_2)C$$

$$t_1 = R_2 C \ln 2 \approx 0.7 R_2 C$$

$$T = t_1 + t_2 = (R_1 + 2R_2)C \ln 2 \approx 0.7(R_1 + 2R_2)C$$

$$f = \frac{1}{T} \approx \frac{1.43}{(R_1 + 2R_2)}C$$

3.9.4　实验内容与步骤

（1）按图 3.9.2（a）连线，取 $R = 100\ \text{k}\Omega$，$C = 47\ \mu\text{F}$，输入信号 u_I 由单次脉冲源提供，用示波器观测 u_I、u_C、u_O 波形。

（2）按图 3.9.3（a）接线，输入信号 u_I 的频率为 1 kHz，接通电源，逐渐加大 u_I 的幅度，观测输出波形，测绘电压传输特性，算出回差电压 ΔU。

（3）按图 3.9.4（a）接线，取 $R_1 = R_2 = 5.1\ \text{k}\Omega$，$C = 0.01\ \mu\text{F}$，用示波器观察 u_C 和 u_O 波形并测量输出波形的周期和占空比。

（4）设计一个方波信号发生器，要求 $T = 0.1\ \text{s}$，占空比为 50%，用示波器观察波形并测量输出波形参数。

（5）设计一个占空比可调的多谐振荡器，要求 $T = 0.1\ \text{s}$，用示波器观察波形并测量输出波形参数。

（6）按图 3.9.5 接线，组成两个多谐振荡器，调节定时元件，使Ⅰ输出较低频率，Ⅱ输出较高频率，连好线，接通电源，试听音响效果。

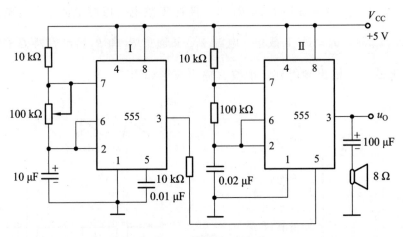

图 3.9.5　模拟声响电路

3.9.5　预习与思考

（1）复习 555 定时器的工作原理及其应用。

（2）如何用示波器测定 555 定时器构成的施密特触发器的电压传输特性曲线？

（3）555 定时器构成的单稳态触发器的脉冲宽度和周期由什么决定？R 与 C 的取值应该怎样分配？为什么？

（4）555 定时器构成多谐振荡器时，其振荡周期和占空比的改变与哪些因素有关？

3.9.6　实验报告

（1）整理实验数据，分析、总结实验结果。

（2）完成思考题。

第4章 Multisim 14.0 仿真软件及其应用

前面几章介绍了电子技术的实验方法和实验项目。在实验过程中，学生需要先画电路原理图，并选择合适的器件搭接电路，然后看能否达到预期的效果。若没有达到预期效果，则要修改电路的设计，调整电路的参数，直到电路参数达到预期效果为止。显然，这样必须付出高昂的代价，这是一种高成本、低效率的方法。

随着计算机技术的发展，传统的数字电路设计方法逐步由 EDA（Electronic Design Automation）技术所取代。利用 EDA 工具，电子设计师可以从概念、算法、协议等开始设计电子系统，大量工作可以通过计算机完成，将电子产品从电路设计、性能分析到设计出 IC 版图或 PCB 版图的整个过程在计算机上自动处理完成，取代了在实验室制作电路的繁琐过程，节约了时间和物资，大大方便了电路设计。常用的 EDA 设计软件有 SPICE/PSPICE、Multisim、Matlab、SystemView、MMICAD LiveWire、Proteus、Tina Pro Bright Spark 等。

在众多的 EDA 仿真软件中，Multisim 软件界面友好、功能强大、易学易用，受到电类设计开发人员的青睐。1988 年，加拿大图像交互技术公司（Interactive Image Technologies，简称 IIT 公司）推出的用于电子电路仿真和设计的 EDA 工具软件 Electronics Work Bench（电子工作台，简称 EWB），因界面形象直观、操作方便、分析功能强大、易学易用而得到迅速推广使用。IIT 对 EWB 进行了较大变动，名称改为 Multisim（多功能仿真软件）。Multisim 14 进一步完善了以前版本的基本功能，同时增加一些新的功能，其特点和优势包括：具有完备的元器件库和功能强大的 SPICE（Simulation Program with Intergrated Circuit Empnasis）仿真；虚拟仪器测试和分析功能；支持微控制器（MCU）仿真，支持用梯形图语言编程设计的系统仿真；增加了对工业控制系统仿真的支持；具有 PCB 文件的转换功能，可实现与 LabVIEW 联合仿真，配置了虚拟 ELVIS，与 NI ELVIS 原型设计板配套，针对 iPad 开发的 Multisim Touch，基于 NI 技术，建立了 Multisim 与外部真实电路的数据接口，在实际工程应用中具有重要的意义。

本书将介绍 Multisim14.0 软件的用户界面和基本功能，具体的使用方法和仿真步骤，并通过数字电路和模拟电路的仿真应用，帮助读者学习如何应用该仿真软件对电路进行仿真实验。

4.1 Multisim 14.0 软件的用户界面

4.1.1 主用户界面

运行 Multisim 14 主程序后，出现 Multisim 14 主工作界面，如图 4.1.1 所示。Multisim 14 主工作界面主要由菜单栏、工具栏、设计工具箱、电路编辑窗口、仪器仪表栏和设计信息显示窗口等组成。

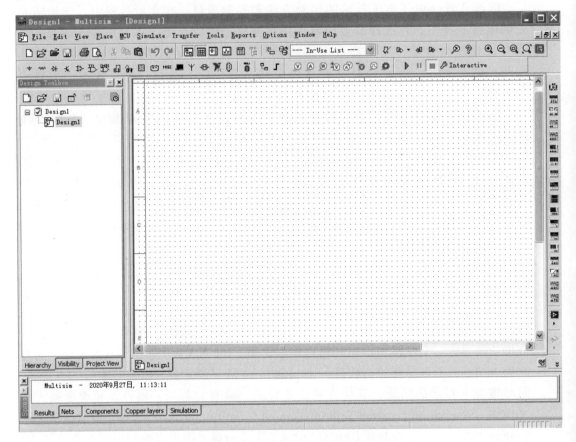

图 4.1.1 Multisim 14.0 软件的主用户界面

4.1.2 菜单栏

Multisim 14 的菜单栏（Menus）位于主窗口的最上方，如图 4.1.2 所示。包括 12 个主菜单，分别是 File、Edit、View、Place、MCU、Simulate、Transfer、Tools、Reports、Options、Window 和 Help。通过菜单，可以对 Multisim 14 的所有功能进行操作。

图 4.1.2 Multisim 14.0 的菜单栏

1. 文件（File）菜单

文件（File）菜单主要用于管理所创建的电路文件。各子菜单的功能如图 4.1.3 所示。

图 4.1.3　文件（File）菜单

2. 编辑（Edit）菜单

编辑（Edit）菜单包括一些最基本的编辑操作命令以及元器件的位置操作命令，如对元器件进行旋转和对称操作的定位命令等，如图 4.1.4 所示。

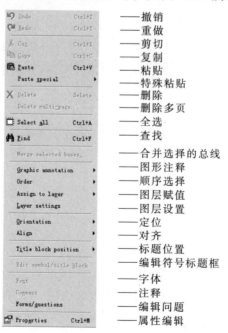

图 4.1.4　编辑（Edit）菜单

3．视图（View）菜单

视图（View）菜单包括调整窗口视图的命令，用于添加或隐藏工具条、元件库栏和状态栏，如图 4.1.5 所示。

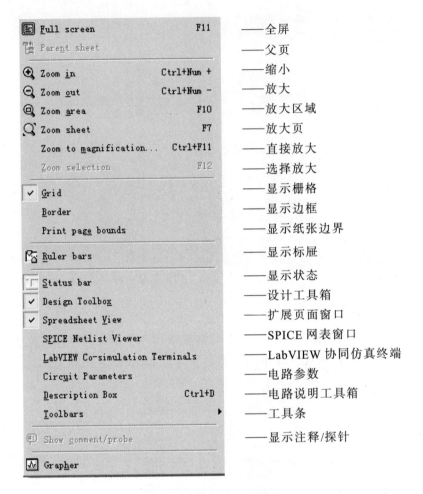

图 4.1.5　视图（View）菜单

4．放置（Place）菜单

放置（Place）菜单包括放置元器件、节点、线、文本、标注等常用的绘图元素，如图 4.1.6 所示。

5．微控制器（MCU）菜单

微控制器（MCU）菜单包括一些与 MCU 调试相关的选项，如调试视图格式、MCU 窗口等。该选项还包括一些调试状态的选项，如单步调试的部分选项，如图 4.1.7 所示。

Component...	Ctrl+W	——元器件
Probe	▶	——探测器
Junction	Ctrl+J	——连接点
Wire	Ctrl+Shift+W	——连线总线
Bus	Ctrl+U	——连接器
Connectors	▶	——新层次模块
New hierarchical block...		——选择分层模块
Hierarchical block from file...	Ctrl+H	——由分层模块取代
Replace by hierarchical block...	Ctrl+Shift+H	——新建子电路
New subcircuit...	Ctrl+B	——由子电路取代
Replace by subcircuit...	Ctrl+Shift+B	——创建多页
Multi-page...		——总线矢量连接
Bus vector connect...		——编辑注释
Comment		——编辑文本
Text	Ctrl+Alt+A	——绘图工具
Graphics	▶	——电路参数符号
Circuit parameter legend		——标题框
Title block...		——放置梯形图

图 4.1.6 放置（Place）菜单

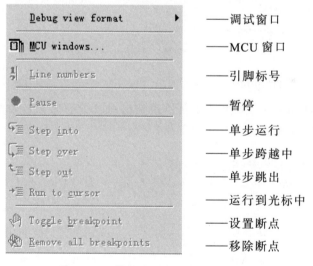

Debug view format	▶	——调试窗口
MCU windows...		——MCU 窗口
Line numbers		——引脚标号
Pause		——暂停
Step into		——单步运行
Step over		——单步跨越中
Step out		——单步跳出
Run to cursor		——运行到光标中
Toggle breakpoint		——设置断点
Remove all breakpoints		——移除断点

图 4.1.7 微控制器（MCU）菜单

6. 仿真（Simulate）菜单

仿真（Simulate）菜单包括一些与电路仿真相关的选项，如运行、暂停、停止、仪表、误差设置、交互仿真设置等，如图 4.1.8 所示。

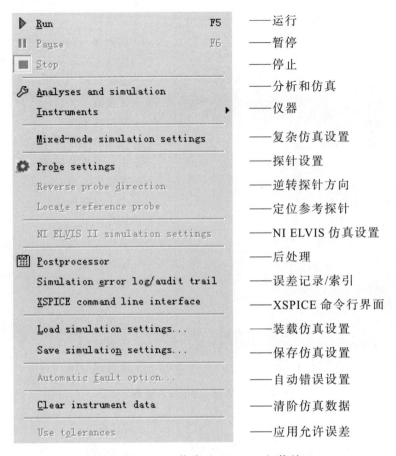

▷ Run	F5	——运行
‖ Pause	F6	——暂停
■ Stop		——停止
Analyses and simulation		——分析和仿真
Instruments	▶	——仪器
Mixed-mode simulation settings		——复杂仿真设置
Probe settings		——探针设置
Reverse probe direction		——逆转探针方向
Locate reference probe		——定位参考探针
NI ELVIS II simulation settings		——NI ELVIS 仿真设置
Postprocessor		——后处理
Simulation error log/audit trail		——误差记录/索引
XSPICE command line interface		——XSPICE 命令行界面
Load simulation settings...		——装载仿真设置
Save simulation settings...		——保存仿真设置
Automatic fault option...		——自动错误设置
Clear instrument data		——清阶仿真数据
Use tolerances		——应用允许误差

图 4.1.8　仿真（Simulate）菜单

7. 文件传输（Transfer）菜单

文件传输（Transfer）菜单用于将所搭建电路及分析结果传输给其他应用程序，如 PCB、MathCAD 和 Excel 等，如图 4.1.9 所示。

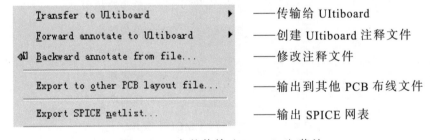

Transfer to Ultiboard	▶	——传输给 Ultiboard
Forward annotate to Ultiboard	▶	——创建 Ultiboard 注释文件
Backward annotate from file...		——修改注释文件
Export to other PCB layout file...		——输出到其他 PCB 布线文件
Export SPICE netlist...		——输出 SPICE 网表

图 4.1.9　文件传输（Transfer）菜单

8. 工具（Tools）菜单

工具（Tools）菜单用于创建、编辑、复制、删除元器件，可管理、更新元器件库等，如图 4.1.10 所示。

Component wizard	——元器件向导
Database ▶	——数据库
Variant manager	——变量管理
Set active variant...	——设置动态变量
Circuit wizards ▶	——电路向导
SPICE netlist viewer ▶	——SPICE 网表窗口
Advanced RefDes configuration...	——高级标识符号配置
Replace components...	——替换元器件
Update components...	——更新元器件
Update subsheet symbols	——更新子表符号
Electrical rules check...	——电气规则检查
Clear ERC markers...	——清除 ERC 标记
Toggle NC marker	——设置 NC 标记
Symbol Editor	——符号编辑器
Title Block Editor	——标题框编辑器
Description Box Editor	——电路描述对话框
Capture screen area	——捕捉屏幕区域
Online design resources ▶	——在线设计源资料

图 4.1.10　工具（Tools）菜单

9. 报表（Reports）菜单

报表（Reports）菜单包括与各种报表相关的选项，如图 4.1.11 所示。

Bill of Materials	——材料清单
Component detail report	——元器件详细报告
Netlist report	——网表报告
Cross reference report	——对照报告
Schematic statistics	——简要统计报告
Spare gates report	——备选电路报告

图 4.1.11　报表（Reports）菜单

10. 选项（Options）菜单

选项（Options）菜单可对程序的运行和界面进行设置，如图 4.1.12 所示。

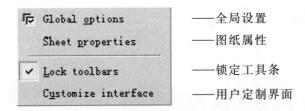

图 4.1.12　选项（Options）菜单

11. 窗口（Window）菜单

窗口（Window）菜单包括与窗口显示方式相关的选项，如图 4.1.13 所示。

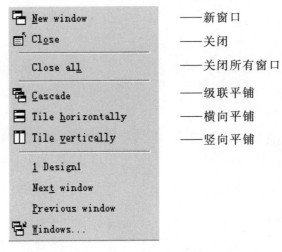

图 4.1.13　选项（Options）菜单

12. 帮助（Help）菜单

帮助（Help）菜单提供帮助文件，按下键盘上的 F1 键也可获得帮助，如图 4.1.14 所示。

图 4.1.14　帮助（Help）菜单

4.1.3　工具栏

为了使用户更加方便、快捷地操作软件和设计电路，Multisim 在工具栏中提供了大量的工具按钮。根据工具的功能，可以将它们分为标准工具栏、主工具栏、浏览工具栏、元器件工具栏、仿真工具栏、探针工具栏、梯形图工具栏和仪器库工具栏等。

1．标准工具栏

标准工具栏如图 4.1.15 所示，从左至右按钮功能依次为新建设计、打开文件、打开样本文件、保存、直接打印、打印预览、剪切、复制、粘贴、撤销和重复。

图 4.1.15　标准工具栏

2．主工具栏

主工具栏如图 4.1.16 所示，从左至右按钮功能依次为设计工作箱、电子表格视图、SPICE 网表查看器、图示仪、后处理器、母电路图、元器件向导、数据库管理器、在用列表、电器法则查验、转移到 Ultiboard、从文件反向注解、正向注解到 Ultiboard、查找范例、Multisim 帮助。

图 4.1.16　主工具栏

3．元器件工具栏

元器件工具栏如图 4.1.17 所示，从左至右按钮功能依次为电源库、基本元件库（包括电阻、电容、电感、开关等基本元件）、二极管库、晶体管库、模拟元件库、TTL 元件库、CMOS 元件库、集成数字芯片库、混合元件库、指示器元件库、电力元件库、混合项元件库、高级外围设备元件库、射频元件库、机电类元件库、NI 元件库、接口元件库、微处理器元件库、放置层次模块、放置总线。

图 4.1.17　元器件工具栏

（1）电源（Source）库。

电源库对应元器件系列如图 4.1.18 所示。电源库中包含电路必需的各种形式的电源、信号源以及接地符号。所有电源类型如图 4.1.19 所示。

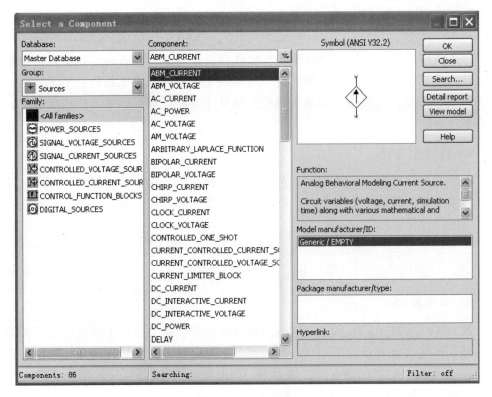

图 4.1.18　电源库

——电源
——电压信号源
——电流信号源
——受控电压源
——受控电流源
——控制函数模块
——数字电源

图 4.1.19　所有电源类型

（2）基本（Basic）元器件库。

基本元器件库包含实际元器件箱 17 个，虚拟元器件箱 3 个，如图 4.1.20 所示。基本元器件系列如图 4.1.21 所示。虚拟元器件箱中的元器件（带绿色衬底）不需要选择，直接调用，然后再通过其属性对话框设置其参数值。不过，选择元器件时，应该尽量到实际元器件箱中去选取，这不仅是因为选用实际元器件能使仿真更接近于实际情况，还因为实际的元器件都有元器件封装标准，可将仿真后的电路原理图直接转换成 PCB 文件。但在实际元件库中找不到相应参数的元件时，或者要进行温度扫描或参数扫描等分析时，就需要选用虚拟元器件了。

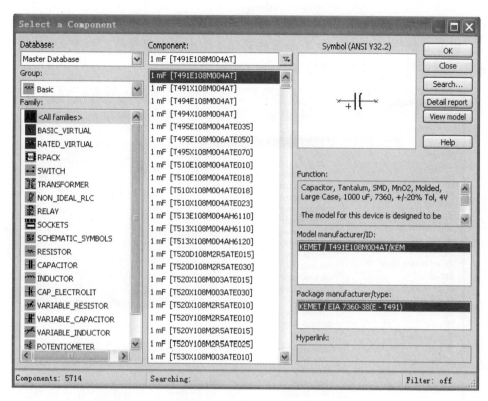

图 4.1.20 基本元器件库

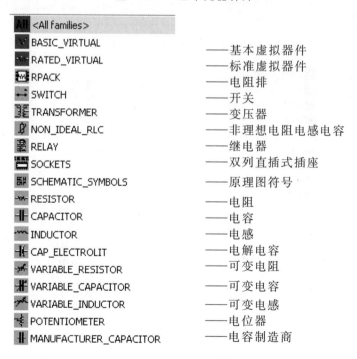

图 4.1.21 基本元器件系列

（3）二极管元器件库。

二极管元器件库中包含 14 个元器件箱和 1 个虚拟元器件箱，如图 4.1.22 所示。二极管元器件系列如图 4.1.23 所示。

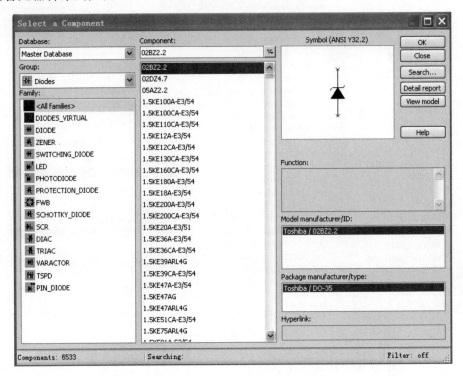

图 4.1.22　二极管元器件库

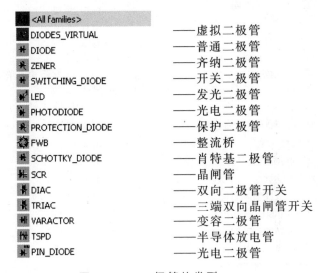

图 4.1.23　二极管的类型

（4）晶体管（Transistors）元器件库。

晶体管元器件库共有 21 个元器件箱，如图 4.1.24 所示。晶体管元器件系列如图

4.1.25 所示。其中，20 个实际元器件箱中的元器件模型对应世界主要厂家生产的众多晶体管元器件，精度较高。另外一个带绿色背景的虚拟晶体管相当于理想晶体管。

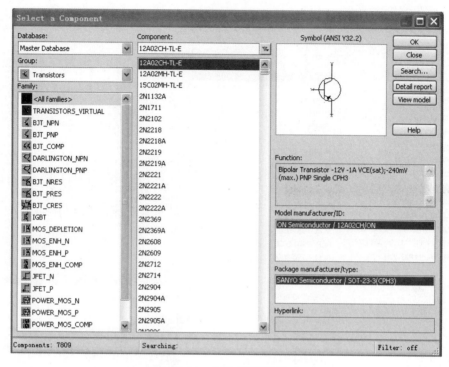

图 4.1.24　晶体管元器件库

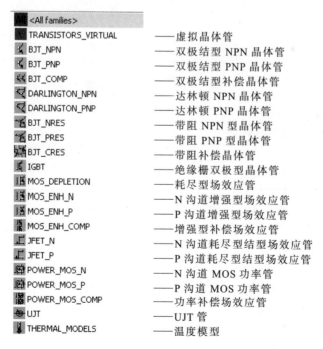

<All families>	
TRANSISTORS_VIRTUAL	——虚拟晶体管
BJT_NPN	——双极结型 NPN 晶体管
BJT_PNP	——双极结型 PNP 晶体管
BJT_COMP	——双极结型补偿晶体管
DARLINGTON_NPN	——达林顿 NPN 晶体管
DARLINGTON_PNP	——达林顿 PNP 晶体管
BJT_NRES	——带阻 NPN 型晶体管
BJT_PRES	——带阻 PNP 型晶体管
BJT_CRES	——带阻补偿晶体管
IGBT	——绝缘栅双极型晶体管
MOS_DEPLETION	——耗尽型场效应管
MOS_ENH_N	——N 沟道增强型场效应管
MOS_ENH_P	——P 沟道增强型场效应管
MOS_ENH_COMP	——增强型补偿场效应管
JFET_N	——N 沟道耗尽型结型场效应管
JFET_P	——P 沟道耗尽型结型场效应管
POWER_MOS_N	——N 沟道 MOS 功率管
POWER_MOS_P	——P 沟道 MOS 功率管
POWER_MOS_COMP	——功率补偿场效应管
UJT	——UJT 管
THERMAL_MODELS	——温度模型

图 4.1.25　晶体管元器件系列

（5）模拟元器件（Analog Components）库。

模拟元器件库如图 4.1.26 所示，模拟元器件系列如图 4.1.27 所示。

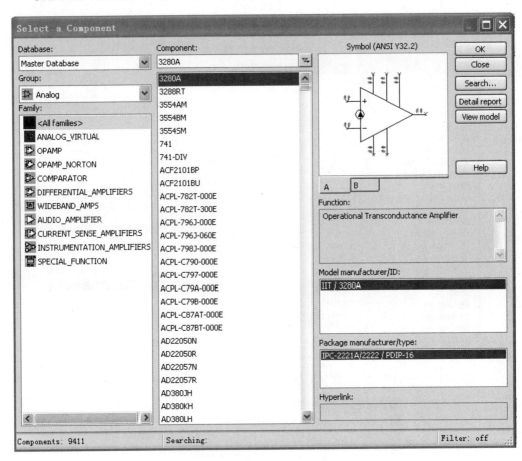

图 4.1.26　模拟元器件库

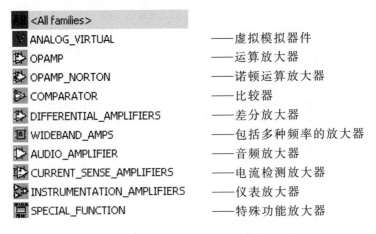

图 4.1.27　模拟元器件系列

（6）TTL 元器件库。

TTL 元器件库如图 4.1.28 所示。

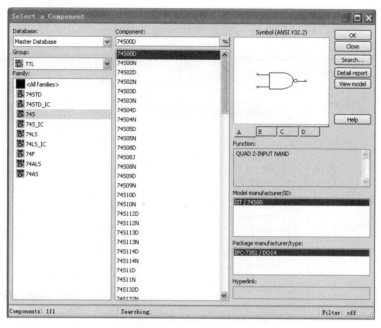

图 4.1.28　TTL 元器件库

（7）CMOS 元器件库。

CMOS 元器件库如图 4.1.29 所示。

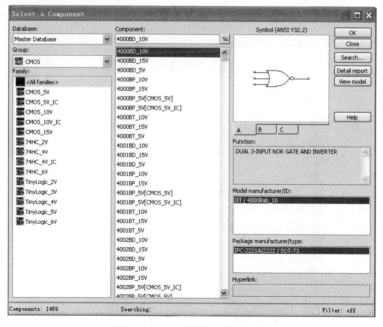

图 4.1.29　CMOS 元器件库

（8）集成数字芯片库（Misc Digital Components）。

这个库中包含了集成的数字芯片。集成芯片是相对于分离元件来说的，集成芯片能实现需要大量分离元件才能完成的功能，是目前电子技术应用领域的发展主流。集成数字芯片库如图 4.1.30 所示，集成数字元器件系列如图 4.1.31 所示。

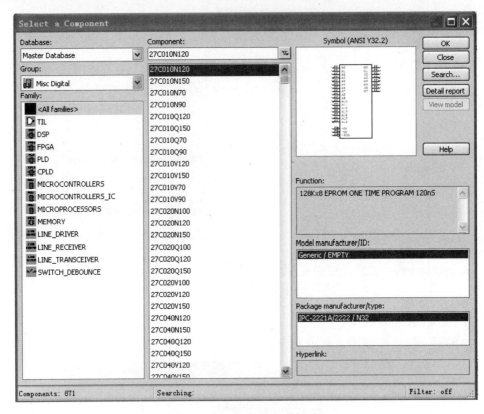

图 4.1.30　集成数字芯片库

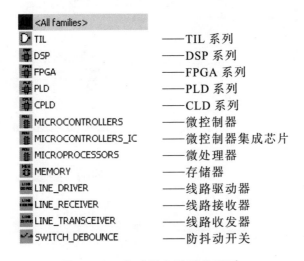

图标	名称	系列
	\<All families\>	
	TIL	——TIL 系列
	DSP	——DSP 系列
	FPGA	——FPGA 系列
	PLD	——PLD 系列
	CPLD	——CLD 系列
	MICROCONTROLLERS	——微控制器
	MICROCONTROLLERS_IC	——微控制器集成芯片
	MICROPROCESSORS	——微处理器
	MEMORY	——存储器
	LINE_DRIVER	——线路驱动器
	LINE_RECEIVER	——线路接收器
	LINE_TRANSCEIVER	——线路收发器
	SWITCH_DEBOUNCE	——防抖动开关

图 4.1.31　集成数字元器件系列

（9）数模混合元器件（Mixed Components）库。

这个库包含了将数字电路和模拟电路集成在一起的集成芯片，如图 4.1.32 所示。数模混合元器件系列如图 4.1.33 所示。

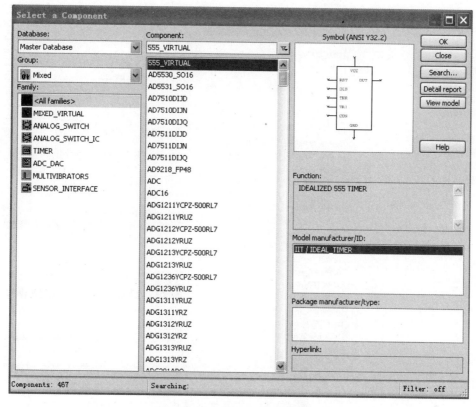

图 4.1.32　数模混合元器件库

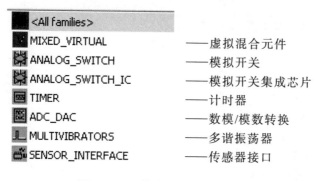

MIXED_VIRTUAL	——	虚拟混合元件
ANALOG_SWITCH	——	模拟开关
ANALOG_SWITCH_IC	——	模拟开关集成芯片
TIMER	——	计时器
ADC_DAC	——	数模/模数转换
MULTIVIBRATORS	——	多谐振荡器
SENSOR_INTERFACE	——	传感器接口

图 4.1.33　数模混合元器件系列

（10）指示元器件（Indicators Components）库。

指示元器件如图 4.1.34 所示，含有 8 种交互式元器件。交互式元器件不允许用户从模型进行修改，只能在其属性对话框中设置其参数。指示元器件系列如图 4.1.35 所示。

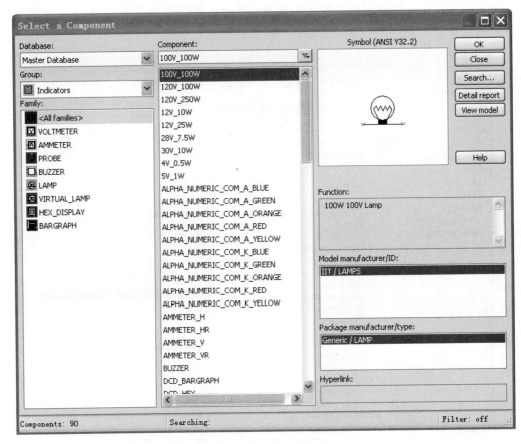

图 4.1.34　指示元器件库

图 4.1.35　指示元器件系列

（11）电力（Power）元器件库。

电力元器件库如图 4.1.36 所示。电力元器件系列如图 4.1.37 所示。

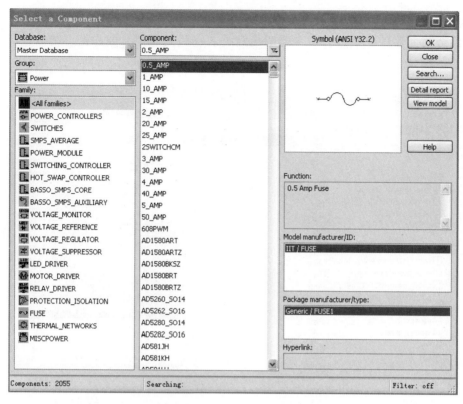

图 4.1.36　电力元器件库

<All families>	
POWER_CONTROLLERS	——电源控制器
SWITCHES	——开关
SMPS_AVERAGE	——开关电源
POWER_MODULE	——电源模块
SWITCHING_CONTROLLER	——转换控制器
HOT_SWAP_CONTROLLER	——热插拔控制器
BASSO_SMPS_CORE	——BASSO 开关电源核心器件
BASSO_SMPS_AUXILIARY	——BASSO 开关电源辅助器件
VOLTAGE_MONITOR	——电压监视器
VOLTAGE_REFERENCE	——基准电压器件
VOLTAGE_REGULATOR	——电压调整器
VOLTAGE_SUPPRESSOR	——过压保护器
LED_DRIVER	——LED 驱动器件
MOTOR_DRIVER	——电机驱动器件
RELAY_DRIVER	——继电器驱动器件
PROTECTION_ISOLATION	——保护隔离装置
FUSE	——熔丝
THERMAL_NETWORKS	——热网络
MISCPOWER	——微电源

图 4.1.37　电力元器件系列

（12）混合项（Misc）元器件库。

混合项元器件库中包含了不能明确归类的一些元器件，如晶振、传输线、滤波器等，如图 4.1.38 所示。对应元器件系列如图 4.1.39 所示。

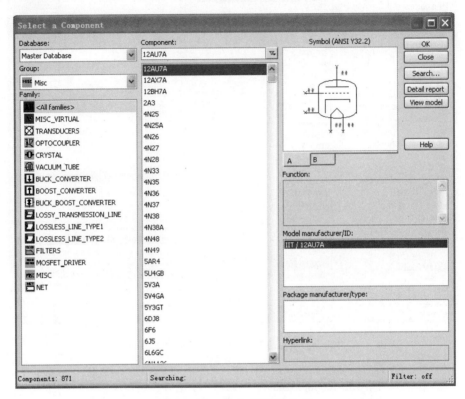

图 4.1.38　混合项元器件库

<All families>	
MISC_VIRTUAL	
TRANSDUCERS	——变换器
OPTOCOUPLER	——光耦合器
CRYSTAL	——晶振
VACUUM_TUBE	——真空管
BUCK_CONVERTER	——开关式降压斩波电路
BOOST_CONVERTER	——开关式升压斩波电路
BUCK_BOOST_CONVERTER	——开关式降压升压斩波电路
LOSSY_TRANSMISSION_LINE	——有损耗传输线
LOSSLESS_LINE_TYPE1	——无损耗传输线 1
LOSSLESS_LINE_TYPE2	——无损耗传输线 2
FILTERS	——滤波器
MOSFET_DRIVER	——MOSFET 驱动器
MISC	——混合强器件
NET	——网络

图 4.1.39　混合项元器件系列

（13）高级外设（Advanced，peripherals）元器件库。

高级外设元器件库如图 4.1.40 所示，对应元器件系列如图 4.1.41 所示。

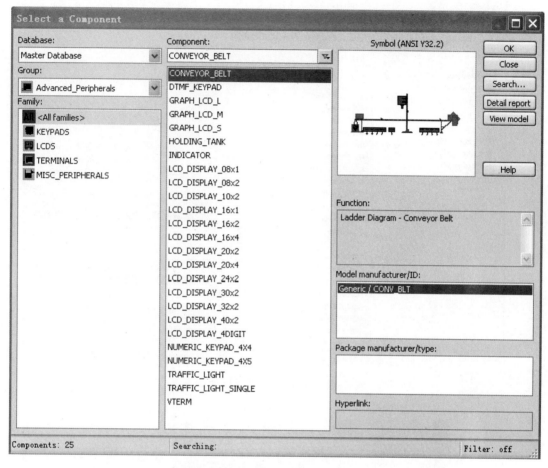

图 4.1.40　高级外设元器件库

图 4.1.41　高级外设元器件库系列

（14）射频元器件（RF Components）库。

射频元器件库如图 4.1.42 所示，提供了一些适合高频电路的元器件，这是目前众多电路仿真软件所不具备的。当信号处于高频工作状态时，电路元器件的模型要产生质的改变。对应元器件系列如图 4.1.43 所示。

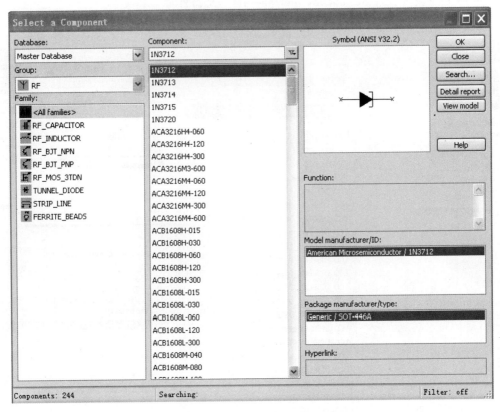

图 4.1.42　射频元器件库

图 4.1.43　射频元器件系列

（15）机电类元器件（Electro - mechanical Components）库。

该库共包含 9 个元器件箱，除线性变压器外，都属于虚拟的电工类元器件，如图 4.1.44 所示。对应元器件系列如图 4.1.45 所示。

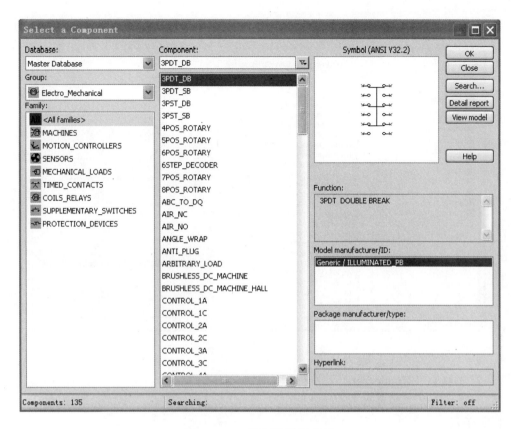

图 4.1.44　机电类元器件库

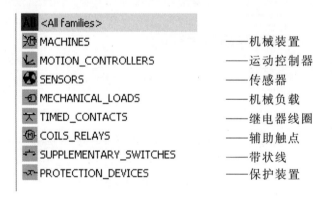

MACHINES	——机械装置
MOTION_CONTROLLERS	——运动控制器
SENSORS	——传感器
MECHANICAL_LOADS	——机械负载
TIMED_CONTACTS	——继电器线圈
COILS_RELAYS	——辅助触点
SUPPLEMENTARY_SWITCHES	——带状线
PROTECTION_DEVICES	——保护装置

图 4.1.45　机电类元器件系列

（16）NI 元器件（NI Component）库。

这个库中存放了由 NI 公司自己开发的器件，既有虚拟器件，也有与之对应的实际器件，如图 4.1.46 所示。

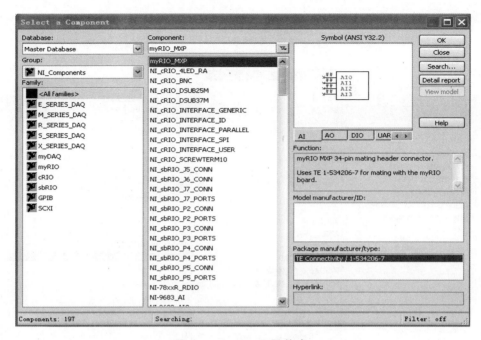

图 4.1.46　NI 元器件库

（17）接口（Connector）元器件库。

该库中包含了各种各样的接口电路，如图 4.1.47 所示。接口元器件系列如图 4.1.48 所示。

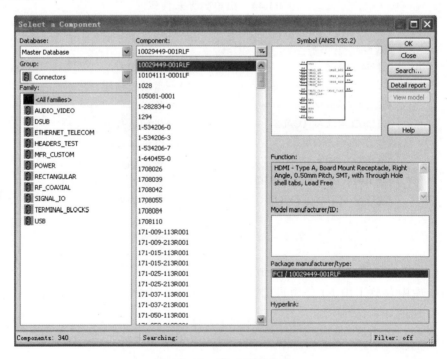

图 4.1.47　接口元器件库

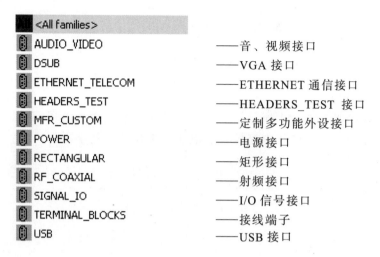

	AUDIO_VIDEO	——音、视频接口
	DSUB	——VGA 接口
	ETHERNET_TELECOM	——ETHERNET 通信接口
	HEADERS_TEST	——HEADERS_TEST 接口
	MFR_CUSTOM	——定制多功能外设接口
	POWER	——电源接口
	RECTANGULAR	——矩形接口
	RF_COAXIAL	——射频接口
	SIGNAL_IO	——I/O 信号接口
	TERMINAL_BLOCKS	——接线端子
	USB	——USB 接口

图 4.1.48　接口元器件系列

（18）微处理器元件（MCU）库。

微处理器元件库如图 4.1.49 所示。

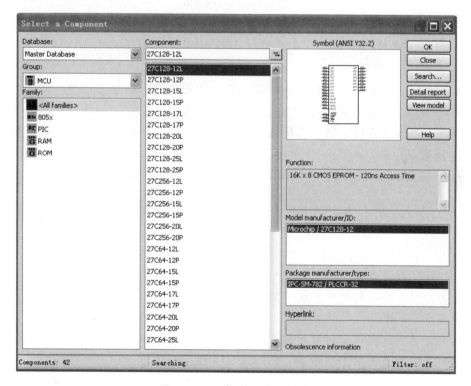

图 4.1.49　微处理器元件库

4．仿真工具栏

仿真工具栏如图 4.1.50 所示，从左至右按钮功能依次为仿真开关（关/开）、暂停开关、活动分析功能按钮。

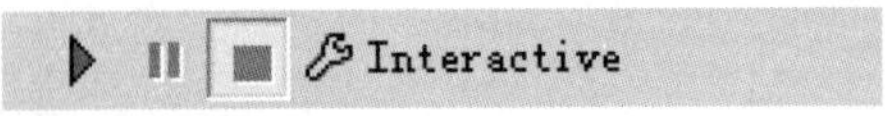

图 4.1.50 仿真工具栏

5. 探针工具栏

探针工具栏如图 4.1.51 所示，从左至右按钮功能依次为电压探针、电流探针、功率探针、差分电压、电压电流探针、电压参考探针、数字探针、探针设置。

图 4.1.51 探针工具栏

6. 视图工具栏

视图工具栏如图 4.1.52 所示，按钮功能依次为放大、缩小、放大区域、缩放页面、全屏。

图 4.1.52 视图工具栏

7. 仪器库工具栏

如图 4.1.53 所示，仪器栏中各仪器图标功能依次为：数字万用表、函数信号发生器、功率表、双通道示波器、四通道示波器、波特图仪、频率计、字发生器、逻辑转换仪、逻辑分析仪、伏安分析仪、失真度分析仪、频谱分析仪、网络分析仪、Agilent 函数发生器、Agilent 万用表、 Agilent 示波器、Tektornix 示波器、LabVIEW 测试仪、NI ELVIS 测试仪、电流探针。

图 4.1.53 仪器库工具栏

（1）数字万用表。

数字万用表外观和操作方法与实际的设备十分相似，主要用于测量直流或交流电路中两点间的电压、电流、阻抗。数字万用表是自动修正量程仪表，在测量过程中不必调整量程。测量灵敏度根据测量需要，可以通过修改内部电阻来调整。数字万用表有正极和负极两个引线端。如图 4.1.54 所示是数字万用表的接线符号和仪器面板。

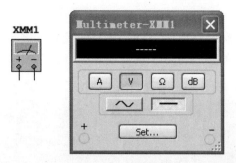

图 4.1.54　数字万用表的接线符号和仪器面板

（2）函数信号发生器。

函数信号发生器是产生正弦波、三角波和方波的电压源。函数信号发生器能给电路提供与现实中完全一样的模拟信号，而且波形、频率、幅值、占空比、直流偏置电压都可以随时更改。函数信号发生器产生的频率可以从一般音频信号到无线电波信号。如图 4.1.55 所示是函数信号发生器的接线符号和仪器面板。

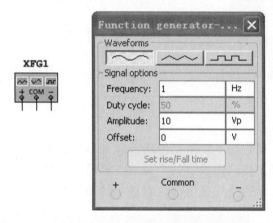

图 4.1.55　函数信号发生器的接线符号和仪器面板

（3）功率表。

功率表用来测量电路的交流、直流功率。功率表的接线符号和仪器面板如图 4.1.56 所示。

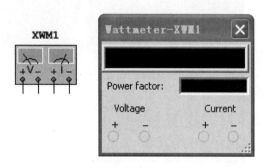

图 4.1.56　功率表的接线符号和仪器面板

（4）双踪示波器。

双踪示波器用来观察一路或两路信号随时间变化的波形，可分析被测周期信号的幅值和频率。示波器的接线符号和仪器面板，如图 4.1.57 所示。

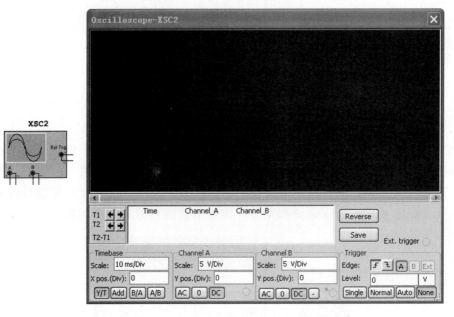

图 4.1.57　双踪示波器的接线符号和仪器面板

（5）四通道示波器。

四通道示波器与双通道示波器在使用方法和参数调整方式上基本一样，只是多了一个通道控制旋钮。当旋钮拨到某个通道位置时，才能对该通道进行一系列设置和调整。四通道示波器的接线符号和仪器面板如图 4.1.58 所示。

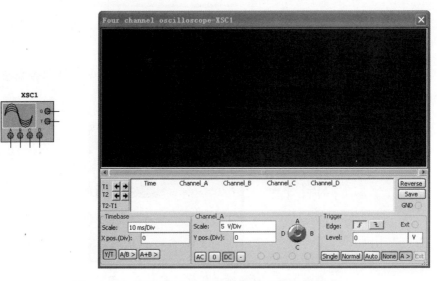

图 4.1.58　四通道示波器的接线符号和仪器面板

（6）波特图仪。

波特图仪能产生一个频率范围很宽的扫描信号，用以测量电路幅频特性和相频特性。波特图仪接线符号和面板如图 4.1.59 所示。

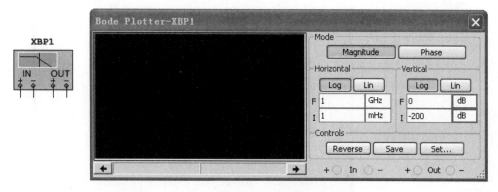

图 4.1.59　波特图仪的接线符号和面板

（7）频率仪。

频率仪是测量信号频率、周期、相位、脉冲信号的上升沿时间和下降沿时间等参数的仪器。图 4.1.60 所示是频率仪的接线符号和面板。

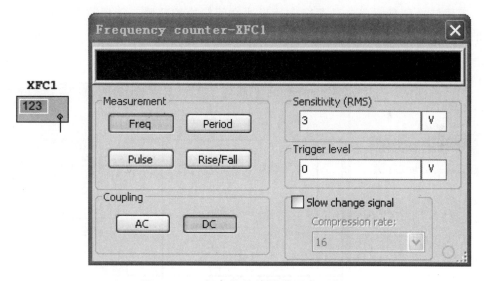

图 4.1.60　频率仪的接线符号和面板

（8）数字信号发生器。

数字信号发生器是一个可编辑的通用数字激励源，产生并提供 32 位的二进制数输入到要测试的数字电路中去，与模拟仪器中的函数发生器功能相似。图 4.1.61 所示是数字信号发生器的接线符号和面板。

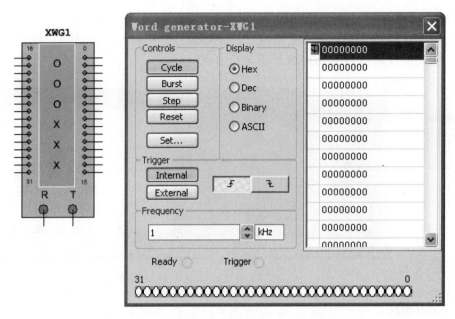

图 4.1.61　数字信号发生器的接线符号和面板

（9）逻辑转换仪。

逻辑转换仪是完成各种逻辑表达形式之间转换的装置，能把数字电路转换成相应的真值表或布尔表达式，也能把真值表或布尔表达式转换成相应的数字电路。逻辑转换仪的图标和接线符号如图 4.1.62 所示。

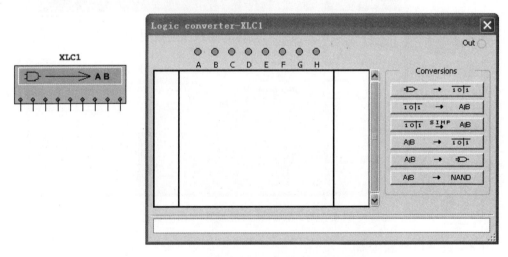

图 4.1.62　逻辑转换仪的图标和接线符号

（10）逻辑分析仪。

逻辑分析仪作为数据域测试仪器中最有用、最有代表性的一种仪器，性能与功能日益完善，已成为调试与研制复杂数字系统的必备仪器。逻辑分析仪可同时显示

16 个逻辑通道信号，其接线符号和面板如图 4.1.63 所示。

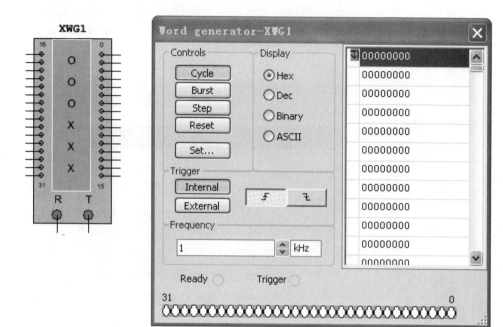

图 4.1.63　逻辑分析的接线符号和面板

（11）伏安特性图示仪。

伏安特性图示仪是专门用于测量某些器件 IV 特性的仪器。这些器件包括：二极管、PNP 双极型晶体管、NPN 双极型晶体管；P 沟道耗尽型 MOS 场效应晶体管、N 沟道耗尽型 MOS 场效应晶体管。伏安特性图示仪的接线符号和面板如图 4.1.64 所示。

图 4.1.64　伏安特性图示仪的接线符号和面板

（12）失真度分析仪。

失真度分析仪是测试电路总谐波失真和信噪比的仪器。一个典型的失真度分析仪可以测量的频率范围在 20 Hz ~ 100 kHz 之间。失真度分析仪的接线符号和面板如图 4.1.65 所示。

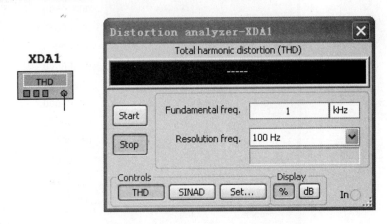

图 4.1.65　失真度分析仪的接线符号和面

（13）频谱分析仪。

频谱分析仪用于分析信号在频域上的特性，测量某信号中所包含的频率与频率相对应的幅度值，并可通过扫描一定范围内的频率来测量电路中谐波信号的成分。同时，它还可以用来测量不同频率信号的功率。本频谱分析仪分析频率范围的上限为 4 GHz。频谱分析仪的接线符号和面板如图 4.1.66 所示。

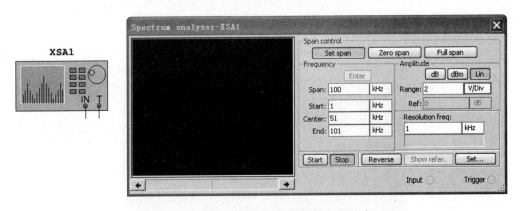

图 4.1.66　频谱分析仪的接线符号和面板

（14）网络分析仪。

网络分析仪是用来测量电路散射参数（Scattering 或简称 S - Parameters）的仪器，一般用于描述电路在高频工作时的特征。网络分析仪除了测量 S 参数（Scat. tering parameters）外，还可用来计算 H、Y、Z 参数。网络分析仪的接线符号和面板如图 4.1.67 所示。

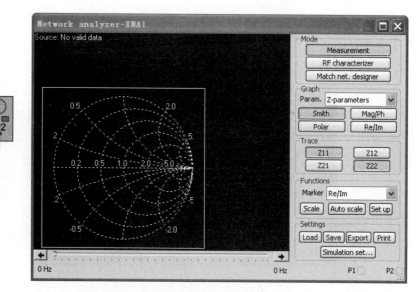

图 4.1.67　网络分析仪的接线符号和面板

（15）Agilent 33120A 型函数发生器。

Agilent 33120A 型函数发生器是安捷伦公司生产的一种宽频带、多用途、高性能的函数发生器。它不仅能产生正弦波、方波、三角波、锯齿波、噪声源和直流电压 6 种标准波形，而且能产生按指数下降的波形、按指数上升的波形、负斜率波函数、Sa（x）及 Cardiac（心律波）5 种系统存储的特殊波形和由 8～256 点描述的任意波形。在测量系统中，Agilent 33120A 型函数发生器具有 GPIB、RS-232 标准总线接口。Agilent 33120A 型函数发生器的接线符号和面板如图 4.1.68 所示。

图 4.1.68　Agilent 33120A 型函数发生器的接线符号和面板

（16）Agilent 34401A 型数字万用表。

Agilent 34401A 型数字万用表是一种具有 12 种测量功能的 6 位半高性能数字万用表，其面板布局清晰、合理，传统的基本测量功能可直接在面板上操作，高级测量功能可用简单的菜单设定，如数字运算功能、零位、dB、dBm、界限测试和最大、最小、平均，还可以把多达 512 个的读数存储到内部存储器中。Agilent 33120A 型数字万用表的接线符号和面板如图 4.1.69 所示。

图 4.1.69　Agilent 33120A 型数字万用表的接线符号和面板

（17）Agilent 54622D 型数字示波器。

Agilent 54622D 型数字示波器是具有两个模拟输入通道、16 个逻辑输入通道、带宽为 100 MHz 的高端示波器。Agilent 54622D 型数字万用表的接线符号和面板如图 4.1.70 所示。

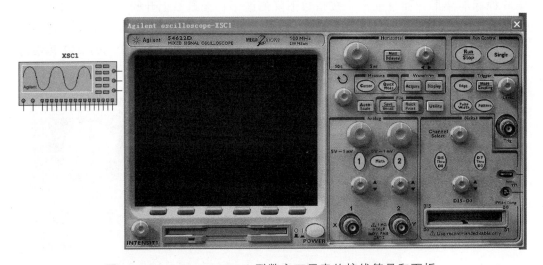

图 4.1.70　Agilent 54622D 型数字万用表的接线符号和面板

（18）Tektronix TDS2024 型数字示波器。

Tektronix TDS2024 型数字示波器带宽为 200 MHz，取样速率高达 2.0 G/s，是具有四模拟测试通道、每个记录长度有 2500 点的彩色存储示波器，它能自动设置菜单，光标带有读数，可实现 11 种自动测量，拥有波形平均和峰值检测等多种功能。

Tektronix TDS2024 型数字示波器的接线符号和面板如图 4.1.71 所示。

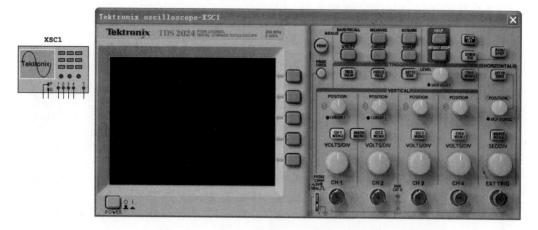

图 4.1.71　Tektronix TDS2024 型数字示波器的接线符号和面板

4.2　Multisim 14.0 软件的快速入门

Multisim 14.0 功能强大，本节介绍本软件的基本操作流程和基本功能。为了叙述方便，本章通过一个简单的例子，介绍在 Multisim 14 软件中从电路设计到仿真完成的全过程。本例设计的电路功能是产生一个 0～100 mV、频率为 1 Hz 的方波，经过运算放大器放大 50 倍，输出给一个十进制计数器进行计数，并用 LED 显示输出。

1. 创建原理图

（1）打开 Multisim 14 工作平台。

① 单击"开始"→"程序"→"NI Multisim 14"的命令。

② 双击 Multisim 14 应用程序快捷方式图标。

这两种方法均能打开一个空白文档，该电路（文件）的名称默认为"Design1"。

（2）更改电路名称。

默认电路名称为"Design1"，也可由用户重新命名，本例中命名为"test1.msl4"。

在菜单栏中选择"File"→"Save As"命令，系统弹出标准的 Windows 存储对话框，提示用户此文件存于什么路径、用什么文件名。本例中，文件名称由"Design1"改为"test1"，然后单击"Save"按钮。

（3）打开一个已存在的文件。

选择"File"→"Open"命令，找到已存在的文件存放的路径，选中此文件，单击"Open"按钮即可打开文件。

2. 完成仿真电路图

（1）打开"test1.msl4"文件。

首先打开上面建立的文件"test1.msl4"，如图 4.2.1 所示。

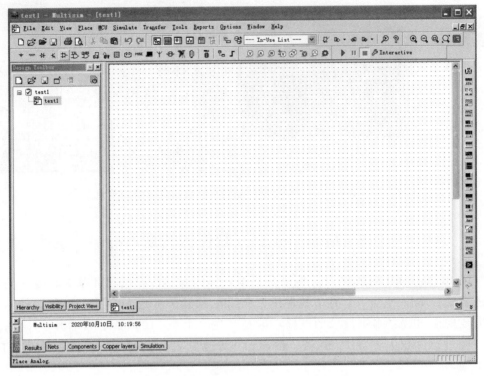

图 4.2.1　建立文件"test1.msl4"

（2）寻找所要的虚拟仪器和元器件。

选择右侧的仪器库工具栏，点击函数信号发生器，放置在电路编辑窗口。要求利用信号发生器产生一个 0～100 mV、频率为 1 Hz 的方波，所以双击 XFG1，选择方波，修改参数，Frequnce：1 Hz，Duty cycle：50%，Amplitide：100mVp，Offset：100 mV，如图 4.2.2 所示。调整参数完毕，可以将它关闭。

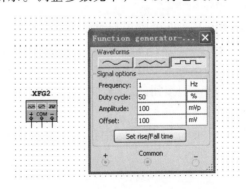

图 4.2.2　调整方波参数

由于需要放大 50 倍，则需要选择一个运算放大器。在元器件工具栏中找到模拟元器件库，单击后出现模拟元器件库，选择 OPAMP（运放放大器），点击右测的 741 型运算放大器，然后确认 OK，如图 4.2.3 所示。再在电源元器件库的 POWER-SOUCES 系列中选择 VCC 和 GROUND，在基本元器件库的 RESISTOR 中选择一个 1 kΩ 和 50 kΩ 的电阻。移动鼠标，使它变成点状，点击鼠标左键，就可以将它们连线，这样就完成了同相放大电路，如图 4.2.4 所示。

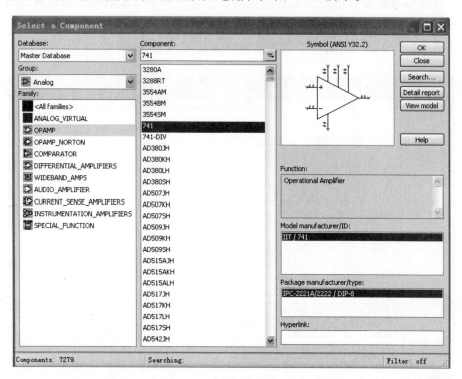

图 4.2.3　选择运算放大器

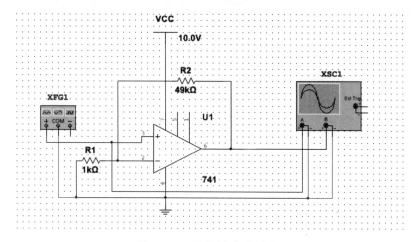

图 4.2.4　同相放大电路图

如果想观察放大后的波形，可以在仪器库工具栏中点击双踪示波器，A 通道连接信号发生器，B 通道连接运放输出端，可以观察波形。如果希望改变两个通道的波形颜色，可以双击连线，选择喜欢的颜色，确认后即可。此处将信号发生器的波形颜色调整为红色，放大后的波形调整为蓝色，如图 4.2.4 所示。

单击仿真工具栏中的绿色仿真开关。双击示波器，就可以观察到波形。观察波形时，往往需要调整合适的参数才能得到满意的波形。将 x 轴的扫描时间 Scale 调整为 500 ms/Div，y 轴 A 通道 Scale 调整为 100 mV/Div，B 通道 Scale 调整为 5 V/Div，波形如图 4.2.5 所示。从图中可以观察到放大倍数约为 50 倍。

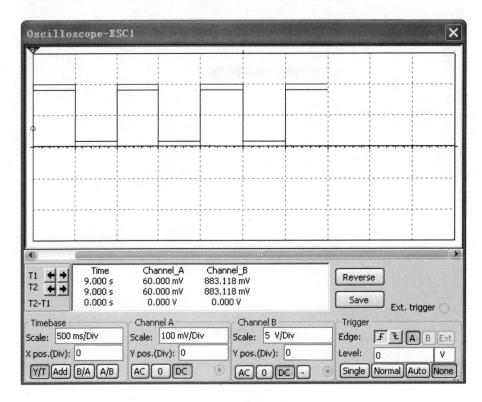

图 4.2.5　示波器波形

然后在元器件工具栏中选择 TTL 元器件库，选择 74LS 中 74LS160D，在指示元器件库中，选择 HEX-DISPLAY 中的 DCD-HEX，按图 4.2.6 连线。

（3）运行仿真文件。

单击仿真工具栏中的绿色仿真开关，就可以观察到数码管从 0 到 9 周而复始的变换。按仿真工具栏中的红色暂停键可以暂停。仿真结果见图 4.2.6 所示。

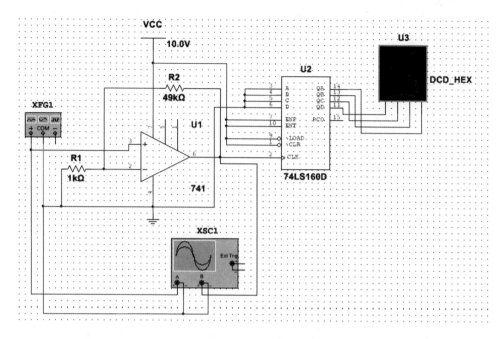

图 4.2.6   test1 接线图

3. 报告输出

Multisim 14 允许电路产生各种报告，如元器件的材料清单（BOM）、元器件的详细信息 列表、网表、电路图统计表、空闲逻辑门和对照报告。

材料清单（BOM）表格是一个罗列了设计电路中所有器件的摘要性报告，对制造电路板非常重要。该报告提供元器件的信息如下：某一种元器件的数量，元器件的类型（如电阻）和标称值，每一个元器件在设计电路中的参考序列号 RefDes，每一个元器件的封装。

创建 BOM 表格的具体操作步骤如下：在主菜单中单击"Reports"下拉菜单，在下拉菜单中选择"Bill of Materials"命令，系统弹出 BOM 表格，如图 4.2.7 所示。

这个材料清单表格中的元器件不包括电源和虚拟的元器件（理想的、数值可以改变的、市场上买不到的元器件称虚拟的元器件)，若要了解设计电路包含多少虚拟的元器件，只要单击图 4.2.8 中的虚拟图标，系统就会弹出。

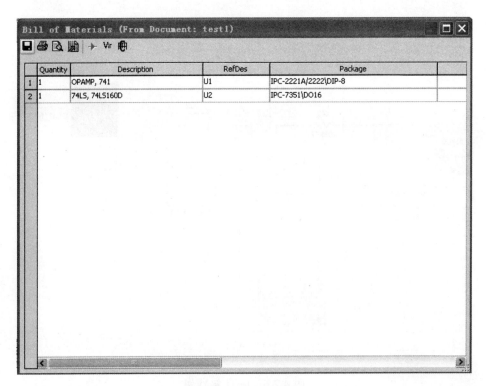

图 4.2.7 BOM 表格

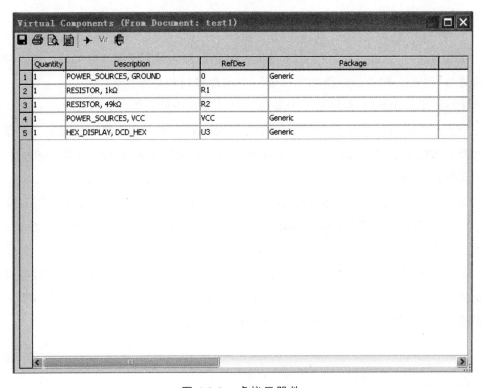

图 4.2.8 虚拟元器件

4.3 数字电路仿真举例

4.3.1 设计一个简单的三人投票表决电路

假设有三人 A，B，C 投票，赞成票用"1"表示，反对票用"0"表示，两人或两人以上投赞成票，则被投事宜通过，$Y = 1$；否则 $Y = 0$。

1. 用逻辑门设计并仿真电路

（1）列出真值表如表 4.3.1 所示。

表 4.3.1 三人表决电路真值表

A	B	C	Y
0	0	0	0
0	0	1	0
0	1	0	0
0	1	1	1
1	0	0	0
1	0	1	1
1	1	0	1
1	1	1	1

（2）写出逻辑表达式如下：

$$Y = \overline{A}BC + A\overline{B}C + AB\overline{C} + ABC = \overline{\overline{\overline{A}BC} \cdot \overline{A\overline{B}C} \cdot \overline{AB\overline{C}} \cdot \overline{ABC}}$$

（3）在仿真工具栏的 TTL 元器件库中选择合适的逻辑门，在仿真工作区内添加元器件，绘制逻辑函数的逻辑电路图，如图 4.3.1 所示。

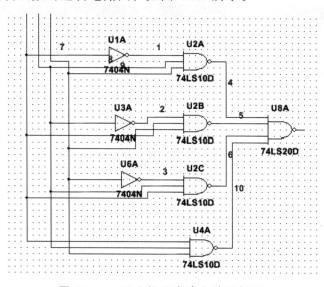

图 4.3.1 三人投票表决电路逻辑图

（4）利用虚拟仪器——逻辑转换仪检查电路的逻辑功能是否符合真值表。

将逻辑转换仪 XCL1 从虚拟仪器工具栏上放入仿真工作区。逻辑转换仪左侧端子连接输入变量，右侧端子连接输出变量，接线完成后的电路图如图 4.3.2 所示。双击逻辑转换仪，打开逻辑转换仪对话窗口，可以将电路图转换为真值表，转换后的真值表如图 4.3.3 所示。

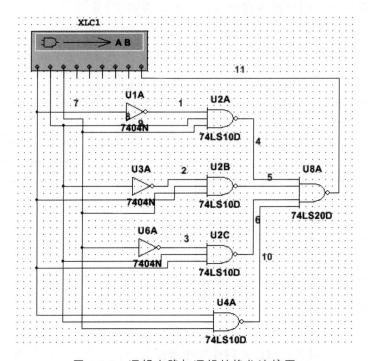

图 4.3.2　逻辑电路与逻辑转换仪连接图

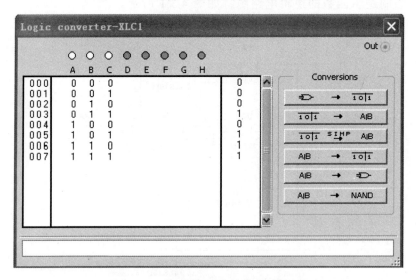

图 4.3.3　将逻辑电路转换为真值表

单击 <u>ıoıı</u> → AIB ，可以将真值表转换为逻辑函数，转换结果如图 4.3.4 所示。Multisim 软件使用 A′ 表示反变量 $\overline{A}$，转换结果等同于 $\overline{A}BC + A\overline{B}C + AB\overline{C} + ABC$。真值表中的数据如果需要调整，也可以进行相应修改。输入变量如果需要增加或减少，用鼠标左键单击 A～H 这 8 个字母进行调整；输出值也可以用鼠标左键单击，输出值将依次从 0→1→×变化，×表示无关项。

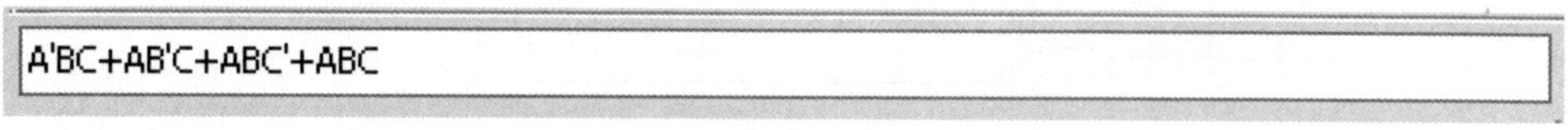

A'BC+AB'C+ABC'+ABC

图 4.3.4　真值表转换为逻辑函数

单击 <u>ıoıı SIMP</u> AIB ，将真值表转换为最简逻辑函数，结果如图 4.3.5 所示。

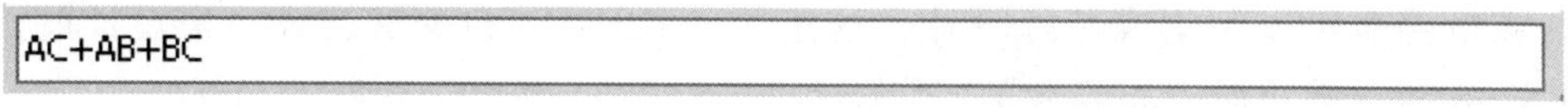

AC+AB+BC

图 4.3.5　真值表转换为最简逻辑函数

单击 AIB → ⊃ ，可以将真值表转换为逻辑电路图，在原电路图旁会出现一个新的逻辑电路图，如图 4.3.6 所示。这个逻辑电路图中没有标出具体的芯片型号，只是采用的逻辑门电路符号进行连接。

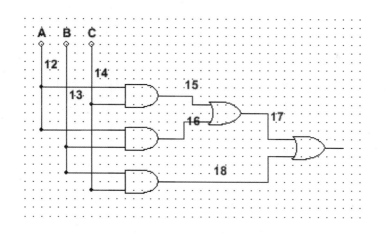

图 4.3.6　真值表转换为逻辑电路图

单击 AIB → NAND ，将真值表转换为用与非门连接的逻辑电路图，如图 4.3.7 所示。该图同样没有标注芯片型号，仅采用了逻辑门电路符号进行连接。

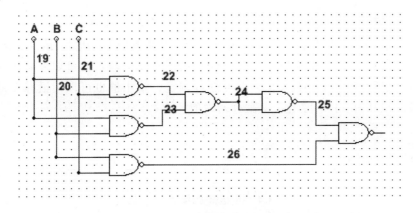

图 4.3.7　真值表转换为与非门连接电路

2. 用集成芯片设计并仿真电路

该电路也可以用集成芯片设计，这里用 74LS138 和少量逻辑门来设计电路。74LS138 的逻辑功能表如表 4.3.2 所示。

表 4.3.2　74LS138 的逻辑功能表

输　入					输　出							
使　能		选　择										
G_1	$\bar{G}_2$	A_2	A_1	A_0	$\bar{Y}_7$	$\bar{Y}_6$	$\bar{Y}_5$	$\bar{Y}_4$	$\bar{Y}_3$	$\bar{Y}_2$	$\bar{Y}_1$	$\bar{Y}_0$
×	1	×	×	×	1	1	1	1	1	1	1	1
0	×	×	×	×	1	1	1	1	1	1	1	1
1	0	0	0	0	1	1	1	1	1	1	1	0
1	0	0	0	1	1	1	1	1	1	1	0	1
1	0	0	1	0	1	1	1	1	1	0	1	1
1	0	0	1	1	1	1	1	1	0	1	1	1
1	0	1	0	0	1	1	1	0	1	1	1	1
1	0	1	0	1	1	1	0	1	1	1	1	1
1	0	1	1	0	1	0	1	1	1	1	1	1
1	0	1	1	1	0	1	1	1	1	1	1	1

注：$\bar{G}_2 = \bar{G}_{2A} + \bar{G}_{2B}$

根据表 4.3.1，可以列出输出函数的最小项之和表达式，不需要化简。输出函数的表达式为 $Y(A,B,C) = \sum m(3,5,6,7)$。利用 74LS138 译码器的输出 $\bar{Y}_i = \bar{m}_i$ 的特点，将相应的输出线接入与非门即可实现最小项之和的功能，电路连接如图 4.3.8 所示。

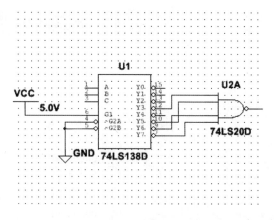

图 4.3.8   用 74LS138 实现三人表决电路图

可以用虚拟仪器中的字发生器产生输入变量，在 Multisim 软件右侧的仪器工具栏拖入工作区使用。字发生器 XWG1 的输出连接 74LS138 的地址输入端，要注意的是在 Multisim 仿真软件中 74LS138 的地址输入端记为 CBA，其中 C 为高位，A 为低位，在连接时要注意接线位置。将输入变量和输出变量都接到逻辑分析仪 XLA1 中进行观测，逻辑分析仪 XLA1 也同样是在 Multisim 软件右侧的仪器工具栏中将其拖入工作区进行使用。接线图如图 4.3.9 所示。

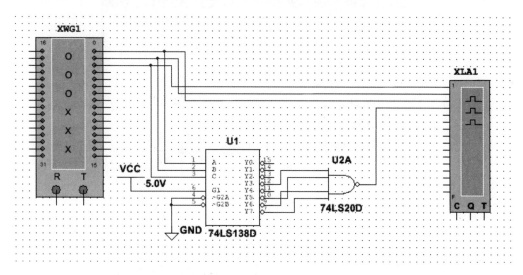

图 4.3.9   字发生器和逻辑分析仪在逻辑电路中的应用

为了能观察到输入、输出波形，需要调整字发生器和逻辑分析仪的参数。双击字发生器 XWG1，打开对话框，如图 4.3.10 所示。在控件选项中选择循环，选择变化频率为 20 Hz。再点击设置按钮打开设置对话框，如图 4.3.11 所示，在设置对话框中选择上数序计数器，也就是加计数器。

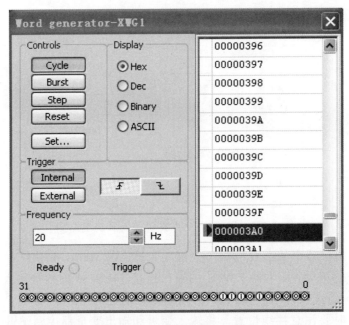

图 4.3.10　字发生器对话框

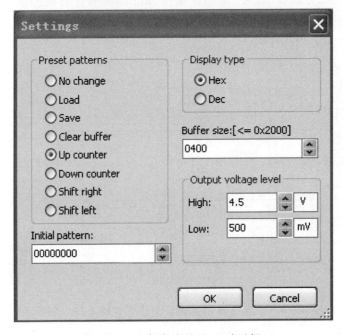

图 4.3.11　字发生器设置对话框

　　再调整逻辑分析仪的参数，在时钟设置处选择 20 Hz，然后确认，就可以观察输入、输出波形，仿真结果如图 4.3.12 所示。图中总共有 4 个波形图，依次为 C，B，A，Y。由波形图可以看出，电路功能符合真值表要求，设计电路完成正确。

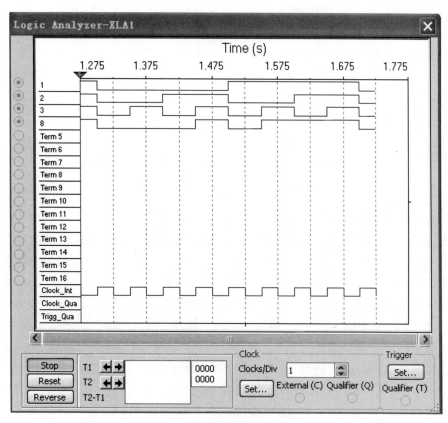

图 4.3.12 输出仿真波形

4.3.2 设计 8 位扭循环计数器

双向移位寄存器 74LS194 功能丰富,具有左移、右移、数据并入、并出、串入、串出、清零等功能,下面用 74LS194 寄存器设计一个 8 位扭环形计数器。74LS194 的逻辑功能表如表 4.3.3 所示。

表 4.3.3 74LS194 的逻辑功能表

序号	清零	控制信号		时钟	串行输入		并行输入				输　　出				功能
	$\overline{CLR}$	S_1	S_0	CLK	SL	SR	A	B	C	D	Q_A	Q_B	Q_C	Q_D	
1	0	×	×	×	×	×	×	×	×	×	0	0	0	0	清零
2	1	×	×	0	×	×	×	×	×	×	Q_A^n	Q_B^n	Q_C^n	Q_D^n	保持
3	1	1	1	↑	×	×	d_0	d_1	d_2	d_3	d_0	d_1	d_2	d_3	置数
4	1	0	1	↑	×	1	×	×	×	×	1	Q_A^n	Q_B^n	Q_C^n	右移
5	1	0	1	↑	×	0	×	×	×	×	0	Q_A^n	Q_B^n	Q_C^n	右移
6	1	1	0	↑	1	×	×	×	×	×	Q_B^n	Q_C^n	Q_D^n	1	左移
7	1	1	0	↑	0	×	×	×	×	×	Q_B^n	Q_C^n	Q_D^n	0	左移
8	1	0	0	×	×	×	×	×	×	×	Q_A^n	Q_B^n	Q_C^n	Q_D^n	保持

8 位扭环形计数器的状态转换图如图 4.3.13 所示。

$Q_7\ Q_6\ Q_5\ Q_4\ Q_3\ Q_2\ Q_1\ Q_0$

00000000→00000001→00000011→00000111→00001111→00011111

↓

11111000←11111100←11111110←11111111←01111111←00111111

↓

11110000→11100000→11000000→10000000→00000000

图 4.3.13　8 位扭环形计数器的状态转换图

首先将两块 74LS194 级联使用。将 U1 的 Q_D 连接 U2 的 SR，将 U2 的 Q_D 经过非门连接 U1 的 SR。U1 和 U2 的 CLK 接 1 Hz 的脉冲；U1 和 U2 的 S_0 接电压源 V_{CC}，S_1 接地 GND。U1 和 U2 的 $DCBA$ 接 0000。如图 4.3.14 所示。74LS194 和 74LS04 可以在"绘制"→"元器件"→组"TTL"→系列"74LS"进行选择。电源 VCC 作为高电平信号使用，可以在菜单栏中单击"绘制"→"元器件"→"Sources"→系列"POWER_SOURCES"→元器件"VCC"选中。地 GND 作为低电平信号使用，可以在菜单栏中单击"绘制"→"元器件"→组"Sources"→"POWER_SOURCES"系列→元器件"DGND"进行选择。时钟源 V1 可以在"绘制"→"元器件"→组"Sources"→"SIGNAL_VOLTAGE_SOURCES"系列→元器件"CLOCK_VOLTAGE"选中。输出用指示灯 X0 ~ X7 进行指示，指示灯可以在"绘制"→"元器件"→"Indicators"系列→"PROBE"进行选择。接线完成后，运行仿真，8 盏指示灯将循环亮灯，符合 8 位扭环形计数的设计要求。

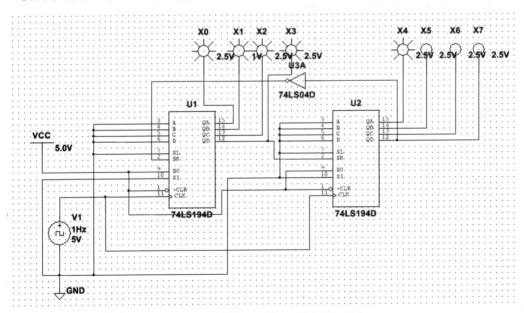

图 4.3.14　8 位扭环形计数的仿真电路图

4.4 模拟电路仿真举例

4.4.1 共射放大电路仿真实验

放大是对模拟信号最基本的处理，下面利用 Multisim 软件来完成共射放大电路的仿真实验，实验要求如下：

（1）调整静态工作点，调整参数，观察并记录正常放大、饱和失真和截止失真时的波形。

（2）波形不失真的情况下，测量 U_{BEQ}，I_{CQ}，U_{CEQ}。

（3）测量此时的放大倍数 A_u，输入电阻 R_i，输出电阻 R_o。

（4）测量幅频特性曲线和相频特性曲线。

1. 完成仿真电路

利用基础元器件库、电源库和晶体管元器件库，添加直流电源、地、信号源、晶体管、电阻、电容等元器件，如图 4.4.1 所示。在虚拟仪器工具栏中添加双踪示波器和数字万用表。电击绿色的仿真按钮，开启电路的仿真，可以通过数字万用表观察电路的 U_{CE} 和输入输出波形。

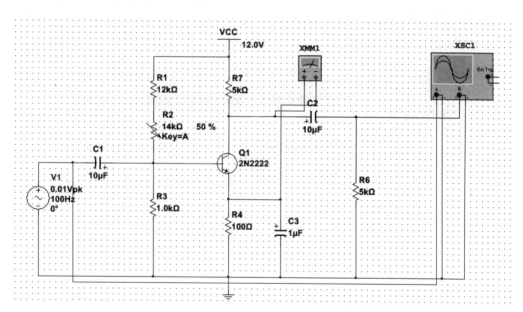

图 4.4.1 共射放大电路仿真电路图

2. 静态工作点测量及仿真波形分析

R_2 是一个滑动变阻器，通过修改 R_2 的大小，可以调整静态工作点。当 R_2 = 2.8 kΩ时，U_{CE} = 5.725 V，$A_u \approx -20$，输出波形基本不失真，波形如图 4.4.2 所示。

注明：通道 A 接输入信号的波形，用红色表示；通道 B 接输出信号，用蓝色表示。

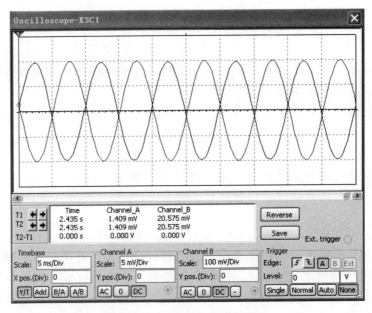

图 4.4.2　不失真时的输出波形

此时的静态工作点也可以采用菜单命令 Simulate/Analysis/DC Operating Point，在对话框中设置分析节点电压或电流变量，如图 4.4.3 所示。图 4.4.4 是直流工作点分析结果。

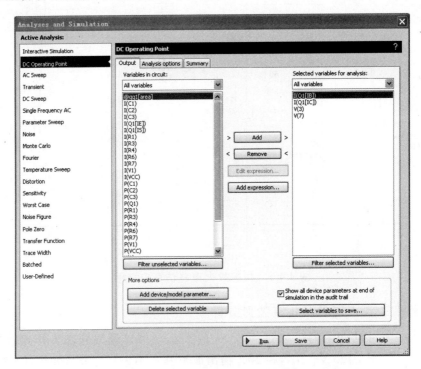

图 4.4.3　直流工作点分析对话框

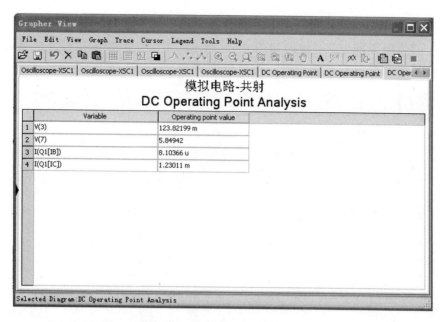

图 4.4.4　直流工作点分析结果

　　静态工作点过低或者过高也会导致输出波形失真，当 $R_2 = 0$ 时，会出现饱和失真，万用表测得 $U_{CE} \approx 0.245$ mV，波形如图 4.4.5 所示。注明：通道 A 接输入信号的波形，用红色表示；通道 B 接输出信号，用蓝色表示。

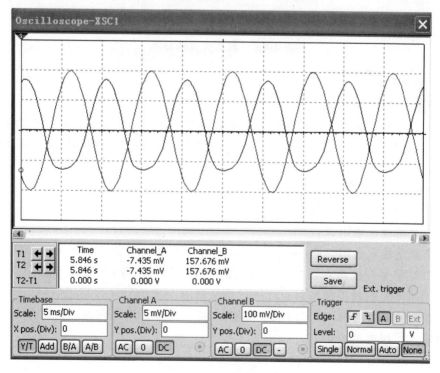

图 4.4.5　饱和失真的波形

当 $R_2 = 10.5\ \text{k}\Omega$ 时，出现截止失真，放大倍数急剧减小，万用表测得 $U_{CE} \approx 11.94\ \text{V}$，接近电源的电压，波形如图 4.4.6 所示。注明：通道 A 接输入信号的波形，用红色表示；通道 B 接输出信号，用蓝色表示。

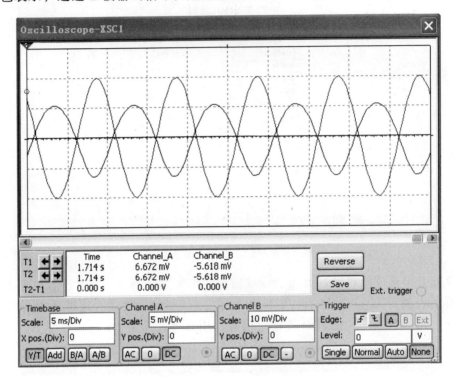

图 4.4.6　截止失真的波形

3. 动态参数测量

（1）测量放大倍数 A_u。

当输出波形处于不失真的情况下，测量放大倍数 A_u、输入电阻 R_i、输出电阻 R_o。前面已经提到，当 $R_2 = 2.8\ \text{k}\Omega$ 时，$U_{CE} = 5.725\ \text{V}$，$A_u \approx -20$，输出波形基本不失真。放大倍数已经由示波器的波形可以直接读出，也可以利用万用表来测量，如图 4.4.7 所示。利用数字万用表，测量输入电压的有效值约为 7 mV，输出电压的有效值约为 140 mV，所以放大倍数 $A_u \approx -20$。

（2）测量输入电阻 R_i。

为了测量输入电阻，则在信号源方向加上一个信号源内阻 R_5，$R_5 = 1\ \text{k}\Omega$。利用示波器观察信号源波形和放大电路获得的交流信号波形如图 4.4.8 所示。此处要注意，由于晶体管的基极和发射极之间的电压既有交流信号又有直流信号，因此，在示波器观察的时候选择 AC。注明：通道 A 接信号源，用红色表示；通道 B 接放大电路的输入，用蓝色表示。

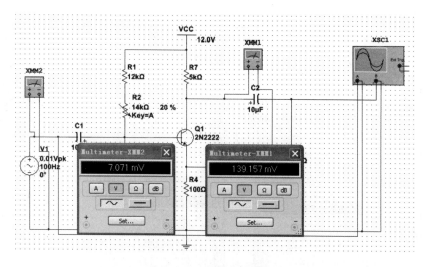

图 4.4.7 测量放大倍数

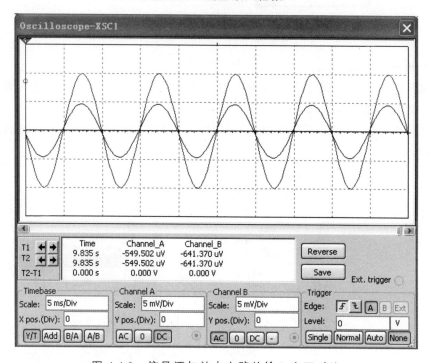

图 4.4.8 信号源与放大电路的输入电压对比

观察图 4.4.8 的波形，可以发现放大电路获得的电压明显要小于信号源的电压，这是由于共射极放大电路的输入电阻不够大。要计算输入电阻，最好测量出信号源的有效值 U_S 和放大电路获得的输入信号 U_I。由图 4.4.9 可知，利用数字万用表测得：$U_S = 7.07$ mV，$U_I = 3.31$ mV。因此输入电阻为

$$R_i = \frac{U_I}{U_S - U_I} R_S = \frac{3.31}{7.07 - 3.31} \times 1 \approx 0.88 \text{ k}\Omega$$

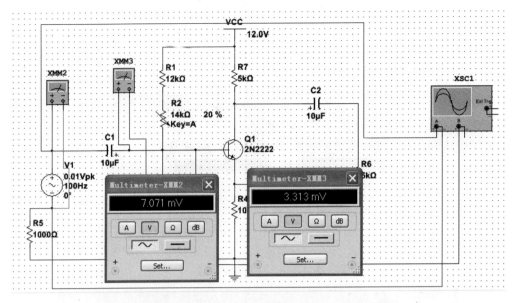

图 4.4.9　信号源与放大电路的输入电压的测量

（3）测量输入电阻 R_o。

测量输出电阻时，首先将信号源短路，负载开路，在输出端接上电压源，并测量电压、电流，如图 4.4.10 所示。

由图可见，测得输出回路的电压有效值约为 707 mV，电流约为 154 μA，所以输出电阻约为

$$R_o = \frac{U_o}{I_o} = \frac{707}{154} = 4.59 \text{ k}\Omega$$

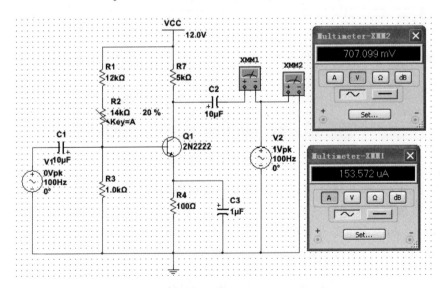

图 4.4.10　放大电路输出电阻测量电路图

（3）频率特性的测量。

可以用扫描分析法和波特仪测量法观察电路的幅频特性曲线和相频特性曲线。下面首先介绍扫描法。

由菜单 Simulate/Analyses/AC Analysis，弹出 AC Analysis（交流分析）对话框，如图 4.4.11 所示，在选项卡 Frequency Parameters 中设置 Start frequency（起始频率，本例设为 1 Hz）、Stop frequency（终止频率，本例设为 10 GHz）、Sweep type（扫描方式，本例设为 Decade，十倍频扫描）、Number of points per decade（每十倍频的采样点数，默认为 10）、Vertical scale（纵坐标刻度，默认是 Logarithmic，即对数形式，本例选择 Linear，即线性坐标，更便于读出其电压放大倍数）。

在 Output 选项卡中选择节点 6 的电压 V[6]为分析变量，按下 Simulate（仿真）按钮，得到图 4.4.12 所示的频谱图，包括幅频特性和相频特性两个图。

在幅频特性波形图的左侧，有个黄色的三角块指示，表明当前激活图形是幅频特性。为了详细获取数值信息，按下工具栏的 Show/Hide Cursors 按钮，则显示出测量标尺和数据窗口；移动测试标尺，则可以读取详细数值，如图 4.4.13 所示。同理，可激活相频特性图形进行相应测量。

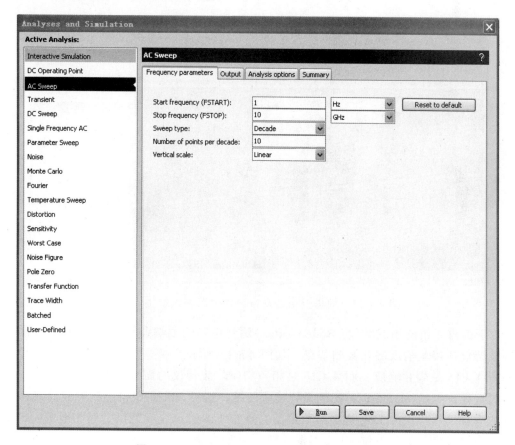

图 4.4.11　AC Analysis（交流分析）对话框

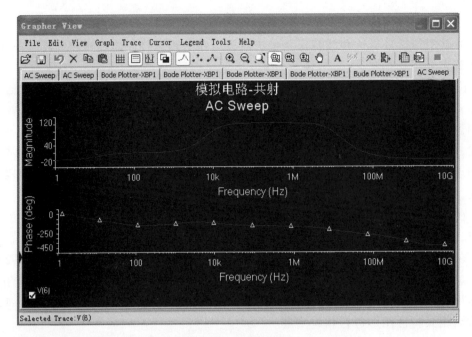

图 4.4.12　频谱图

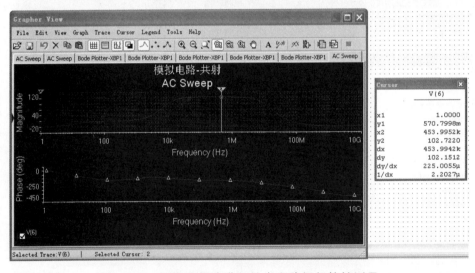

图 4.4.13　扫描分析法进行放大电路幅频特性测量

　　下面再介绍利用波特仪（Bode Plotter）测量电路的频响（幅频特性、相频特性）。将波特仪连接至输入端和被测节点，如图 4.4.14 所示。双击波特仪获得频响特性，如图 4.4.15 是幅频响应，图 4.4.16 是相频响应。波特仪的面板设置如下：Mode 指模式选择，点击 Magnitude 获得幅频响应曲线，选择 Phase 获得相频响应曲线；水平和垂直坐标：点击 Log 选择对数刻度，点击 Lin 选择线性刻度；起始范围：F 文本框内填写终了值及单位，I 文本框内填写起始值及单位。

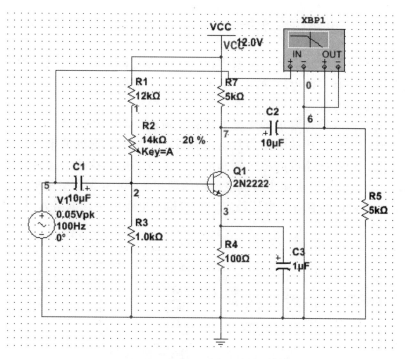

图 4.4.14　波特仪测试频响电路图

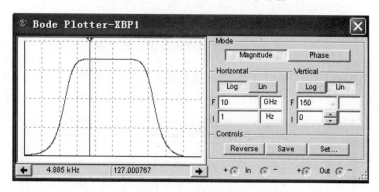

图 4.4.15　幅频特性测试结果

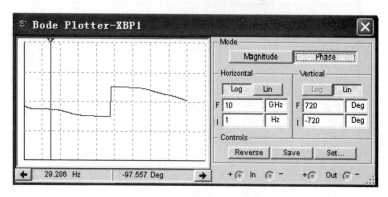

图 4.4.16　相频特性测试结果

4.4.2　直流稳压电路仿真实验

直流稳压电源大部分情况下是采用将工频交流电转换成直流电压的方式构成。本次实验要求将工频交流电转换成 5 V 的直流稳压电源。

直流稳压电源电路包含变压、整流、滤波和稳压 4 个环节。变压器将电网提供的工频交流电变换成符合要求的交流电压；整流电路常用桥式整流电路将交流电压变换为单向脉动电压；滤波电路通常由电容或电感构成低通滤波电路，减小整流电压的脉动程度；稳压电路可由稳压管和放大器组成的电路构成，或直接由集成的稳压电路构成，目的是进一步减小直流电压的脉动程度，并确保在交流电源电压波动或负载变化时输出稳定的直流、电压稳定。直流稳压电源的仿真电路如图 4.4.17 所示。

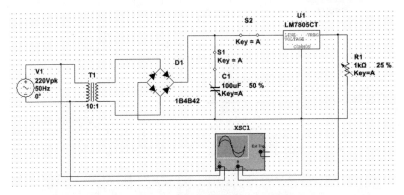

图 4.4.17　直流稳压电源仿真电路

打开开关 S1 和 S2，可以观察到全波整流后的输出波形，如图 4.4.18 所示。其中红色表示输入工频电压的波形，蓝色表示输出电压的波形。

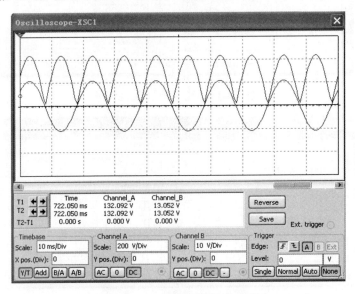

图 4.4.18　全波整流输出波形

合上开关 S1，打开开关 S2，可以观察到滤波后的波形，当滤波电容 $C = 1\ \mu F$ 时，输出的波形是明显的锯齿波形，如图 4.4.19 所示；当滤波电容 $C = 10\ \mu F$ 时，输出的波形是较平滑的波形，如图 4.4.20 所示。

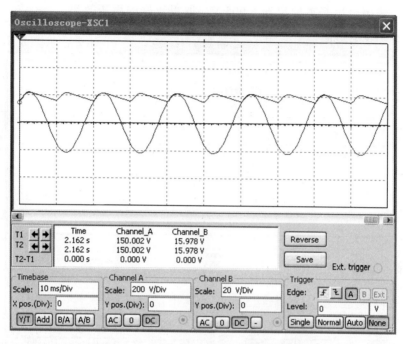

图 4.4.19　$C = 0.1\ \mu F$ 时，滤波后的波形

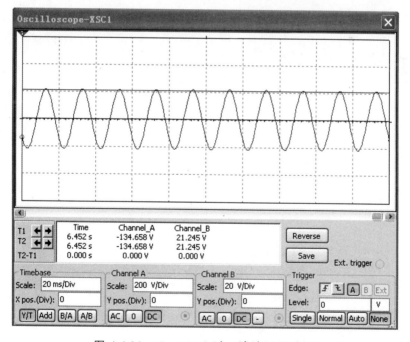

图 4.4.20　$C = 10\ \mu F$ 时，滤波后的波形

合上开关 S1 和 S2，输出的波形如图 4.4.21 所示，由仿真波形可以看出，该电路能够输出 5 V 的稳定电压。可以用数字万用表测量输出电压，调整输出电阻在 5% ~ 100% 范围内变化，输出在 4.797 ~ 5.005 V 范围内变化。当调节滤波电容到 47 μF 时，输出电压基本稳定到 5.005 V，取得较好的稳压效果。

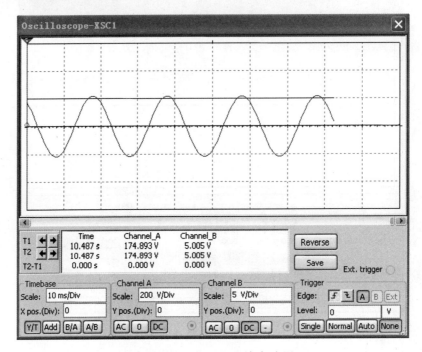

图 4.4.21　稳压后的输出波形

第5章 电子技术课程设计

5.1 电子技术课程设计简介

电子技术课程设计是模拟电子技术和数字电子技术课程重要的实践性教学环节，是对学生学习模拟电子技术和数字电子技术的综合性训练。电子技术课程设计要求学生自己通过设计和搭建一个实用电子产品雏形，巩固和加深在电子技术课程中的理论基础和实验中的基本技能，训练电子产品制作时的动手能力。

学生需要根据给定的技术指标，从稳定可靠、使用方便、高性能价格比出发来选择方案，运用所学过的各种电子器件和电子线路知识，设计出相应的功能电路。通过本课程设计，使学生能够结合所学的电子技术基础知识与专业软件知识来完成电子技术课程设计，知道有关电子设计的基础知识，培养一定的实践动手能力；通过查阅手册和文献资料及网上资源，培养学生独立分析问题和解决实际问题的科学研究能力。通过设计电子技术应用电路的过程，培养学生的团队合作能力，应用文字和图表展示设计成果的能力以及学生口头表达能力。

5.1.1 课程设计的具体步骤

电子电路的一般设计方法和步骤是：分析设计任务和性能指标，选择总体方案，设计单元电路，选择器件，计算参数，画总体电路图，进行仿真试验和性能测试，最后完成实物制作，通过反复调试和解决故障，完成最后功能。

（1）确定设计方案：总体方案是根据提出的设计任务要求及性能指标，用具有一定功能的若干单元电路组成一个整体，来实现设计任务提出的各项要求和技术指标。设计过程中，往往有多种方案可以选择，应针对任务要求，查阅资料，权衡各方案的优缺点，从中选优。

（2）设计单元电路：根据设计要求和选定的总体方案原理图，确定对各单元电路的设计要求，必要时应详细拟定主要单元电路的性能指标。拟定出各单元电路的要求后，对它们进行设计。

（3）选择元器件：在选择元器件的时候，尽量用同类型的器件，如所有的功能器件都采用 TTL 集成电路或都采用 CMOS 集成电路。这样可以避免接口电路的设计。同时，整个系统所用的器件种类和个数应尽可能的少。级联时如果出现时序配合不同步或尖峰脉冲干扰，引起逻辑混乱，可以增加多级逻辑门来延时。如果显示字符变化很快、模糊不清，可能是由于电源电流跳变引起的，可在集成电路器件的电源端 VCC 加滤波电容。通常用几十微法的大电容与 0.01 μF 的小电容相并联。尽量使接线短而牢固，避免因接线的原因导致的电路不稳定。

（4）单元电路调整与连调：各单元电路的输入输出逻辑关系与它们之间的正确传递决定了设计内容的成败。具体步骤要求每一个单元电路都须经过调整，有条件的情况下可应用逻辑分析仪进行测试，确保单元正确。各单元之间的匹配连接是设计的最后步骤，主要包含两方面，分别是电平匹配和驱动电流匹配。

5.1.2　课程设计报告要求

课程设计报告一般由以下几部分组成：

（1）设计任务及主要技术指标和要求。

（2）总体方案设计。

（3）根据设计任务和技术指标要求，结合所学知识，查阅各种文献、论文，选择设计方案，说明工作原理，并进一步将技术指标分配给各单元电路。

（4）单元电路的设计：根据分配给各个单元电路的技术指标，选择单元电路的形式，并对电路中元器件进行计算和选择，画出单元电路图，核算单元电路的技术指标。

（5）仿真电路图和仿真结果展示。

（6）整体电路图：包括原理图、整体装配图、元器件明细表。

（7）实际电路指标性能测试：根据设计技术指标要求测试有关数据，包括测试方法和所用仪器的分析、电路设计、调整过程及其测试中出现的问题。

（8）对设计成果的评价：说明本设计的特点及存在问题，提出改进建议。

（9）参考文献。

（10）致谢：本人在课程设计中的收获和体会。

5.2　课程设计常用器件

课程设计常用器件如表 5.2.1 所示。

表 5.2.1　课程设计常用器件

序号	74 系列	4000 系列	
	与非门及反相器（名称）		与非门及反相器
00	四 2 输入与非门	4011	四 2 输入与非门
03	四 2 输入与非门（OC）	4012	双 4 输入与非门
04	六反相器	4023	三 3 输入与非门
05	六反相器（OC）	4068	八输入与非/与门
10	三 3 输入与非门	4069	六反相器
14	六反相器（施密特触发）	40106	六施密特触发器（反相）
20	双 4 输入与非门		或非门，或门，异或门
30	8 输入与非门	4001	四 2 输入或非门

序号	74 系列 与非门及反相器（名称）		4000 系列 与非门及反相器
	与门		4002
08	四 2 输入与门	4025	三 3 输入或非门
11	三 3 输入与门	4030	四异或门
15	三 3 输入与门（OC）	4070	四异或门
21	双 4 输入与门	4071	四 2 输入或门
	缓冲器，驱动器，总线收发器		4072
06	六反相缓冲器/驱动器（OC）	4075	三 3 输入或门
07	六缓冲器/驱动器（OC）	4078	八输入或非/或门
38	四 2 输入与非缓冲器（OC）		与门
125	四总线缓冲门（三态）	4073	三 3 输入与门
126	四总线缓冲门（三态）	4081	四 2 输入与门
240	八反向缓冲器	4082	双 4 输入与门
241	八缓冲器	4068	八输入与非/与门
244	八缓冲器/驱动器（三态）		缓冲器，驱动器
245	八总线收发器	4049	六缓冲器/电平变换器（反相）
365	六缓冲器/总线驱动器(三态、同相)	4050	六缓冲器/电平变换器（同相）
366	六缓冲器/总线驱动器(三态、反相)	40109	四电平变换器
367	六缓冲器/总线驱动器(三态、同相)	4502	六反相器/缓冲器（三态，带选通端）
	与或非门		4504
51	2 输入/3 输入双与或非门	4511	BCD-锁存/七段译码驱动器（驱动共阴 LED）
53	四组输入与或非门	4543	BCD-锁存/七段译码驱动器（驱动共阴 LED）
54	四组输入与或非门		触发器
55	两组 4 输入与或非门	4013	双 D 触发器（带预置清除）
	触发器，寄存器，锁存器		4027
73	双 JK 触发器（带清除）	40174	六 D 型触发器
74	双 D 正沿触发器（带清除预置）	40175	四 D 型触发器
76	双 JK 触发器（带清除预置）		运算器
107	双 JK 触发器（带清除）	4008	四位二进制超前进位全加器
112	双 JK 负沿触发器（带清除预置）	4063	4 位数值比较器
132	四 2 输入与非施密特触发器	4585	4 位数值比较器

74 系列		4000 系列	
序号	与非门及反相器（名称）		与非门及反相器
174	六 D 触发器（带清除）		寄存器，锁存器
175	四 D 触发器（带清除）	4015	双 4 位移位寄存器（串入并出）
273	八 D 触发器（带清除）	4031	64 位静态移位寄存器
374	八 D 触发器（三态）有回环特性	4035	4 位移位寄存（并入/串入 并出/串出）
279	四 RS 锁存器	4042	四 D 锁存器
377	八 D 触发器	4043	四或非 RS 型锁存器（三态）
75	4 位双稳态 D 型锁存器	4044	四与非 RS 锁存器（三态）
164	8 位移位寄存器（串入并出）	4076	四 D 型寄存器（三态）
194	4 位双向通用移位寄存器	40194	四位双向通用移位寄存器
373	八 D 锁存器（三态）		编码器，译码器
	运算器		4033
283	4 位二进制全加（带超前进位）	4026	十进制计数/七段译码
85	4 位幅度比较器	4028	BCD 十进制译码
86	四 2 输入异或门	4532	八位优先编码器
	或非门，或门		4514
02	四 2 输入或非门	4515	4 位锁存/4-16 线译码器（L）
27	三 3 输入或非门	4555	双二进制 4 选 1 译码器/分配器（H）
32	四 2 输入或门	4556	双二进制 4 选 1 译码器/分配器（L）
	编码器		数据选择器，模拟开关
147	10 线十进制—4 线 BCD 优先编码器	4016	四双向模拟开关
148	8-3 优先编码器	4019	四 2 选 1 数据选择器
	译码器，驱动器		4051
42	BCD—十进制译码器	4052	双 4 通道模拟开关
47	BCD 七段译码器（驱动共阳 LED）	4066	四双向模拟开关
247	BCD 七段译码器（驱动共阳 LED）	4512	8 选 1 数据选择器（三态）
48	BCD 七段译码器（驱动共阴 LED）	4539	双 4 通道数据选择器
248	BCD 七段译码器（驱动共阴 LED）		计数器，分频器
138	3-8 线译码器/多路转换器	4017	十进制计数器/分配器
139	双 2-4 线译码器/多路转换器	4029	四位可预置二/十进制可逆计数器
154	4-16 线译码器/多路分配器	40160	可预置十进制计数器

74 系列		4000 系列	
序号	与非门及反相器（名称）	与非门及反相器	
	数据选择器	40161	
151	8 选 1 数据选择器	40192	可预置十进制可逆计数器（双时钟）
153	双 4 选 1 数据选择器	40193	可预置二进制可逆计数器（双时钟）
157	四 2 选 1 数据选择器	4510	可预置 BCD 可逆计数器
	振荡器，定时器	4516	
121	单稳态多谐振荡器	4518	双 BCD 同步加计数器
123	双可再触发单稳态多谐振荡器	4520	双 4 位二进制同步加计数器
221	双单稳态多谐振荡器	4020	14 位二进制串行计数器
555	定时器	4040	12 位二进制串行计数器/分频器
晶振	32768HZ　4MHz	4060	14 位二进制串行计数器/分频器
	计数器	振荡器	
90	二-五-十进制计数器（VCC 为 5 脚，GND 为 10 脚）	4047	无稳态/单稳态多谐振荡器
92	十二分频计数器	7555	定时器
93	4 位二进制计数器	4098	双可再触发单稳态触发器（清除）
160	同步十进制计数器（清除置数）	4528	双可再触发单稳态触发器（清除）
161	同步 4 位二进制（清除置数）	4538	双精密可再触发单稳态触发器
162	同步十进制计数器（同步清除）	其它	
163	同步二进制计数器（同步清除）	LM311	电压比较器
168	可预置十进制同步可逆计数器	324	四运放
169	可预置二进制同步可逆计数器	741，351，OP07	单运放
190	可预置 BCD 十进制同步可逆	LM358	双运放
191	可预置 BCD 二进制同步可逆	3DJ6　K30	场效应管
192	可预置 BCD 十进制同步可逆	1N4148，1N4007，2AP9，1N60	二极管
193	可预置二进制同步可逆计数器	3DG6 9012 9013 9014 9015 8050，8550，3AD53，3DD15	三极管
196	可预置十进制计数器	2114　2716　6264	存储器
290	2-5-10 进制计数器	GAL16V8	通用可编程阵列
390	双 2-5-10 进制计数器	DAC0832	数模转换
393	双 4 位二进制计数器	ADC0804，ADC0809	模数转换

5.3 智力竞赛抢答器的设计

5.3.1 设计任务及要求

1. 基本功能

（1）8 名选手编号为 0，1，2，3，4，5，6，7。各有一个抢答按钮，按钮的编号与选手的编号对应，也分别为 0，1，2，3，4，5，6，7。

（2）给主持人设置一个控制按钮，用来控制系统清零（编号显示数码管灭灯）和抢答的开始。当主持人按下开始键时，扬声器发声，抢答开始。

（3）抢答器具有数据锁存和显示的功能。抢答开始后，若有选手按动抢答按钮，该选手编号立即锁存并在编号显示器上显示该编号，同时扬声器给出音响提示，封锁输入编码电路，禁止其他选手抢答。优先抢答选手的编号一直保持到主持人将系统清零为止。

2. 扩展功能

（1）抢答器具有定时（例 20 s）抢答的功能，定时时间可由主持人设定。当主持人按下开始按钮后，要求定时器开始倒计时，定时显示器显示倒计时时间，同时扬声器发出音响，音响持续 0.5 s。参赛选手在设定时间（20 s）内抢答，抢答有效，扬声器发出音响，音响持续 0.5 s，同时定时器停止倒计时，编号显示器上显示选手的编号，定时显示器上显示剩余抢答时间，并保持到主持人将系统清零为止。

（2）如果定时抢答时间已到却没有选手抢答，则本次抢答无效，系统扬声器报警（音响持续 0.5 s）并封锁输入编码电路，禁止选手超时后抢答，时间显示器显示 00，由主持人清零。

（3）用扬声器发出声音也可以同时辅助发光二极管来显示计时时间或报警。

5.3.2 设计方案

1. 设计方案框图（见图 5.3.1）

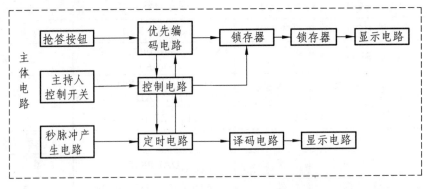

图 5.3.1 智力竞赛抢答器的设计方案

2．设计原理

接通电源后，主持人将开关置于"清零"位置，抢答器处于禁止工作状态，编码显示器显示设定的时间，当主持人将开关拨到"开始"位置时，扬声器发出声响提示，抢答器处于工作状态，定时器倒计时。当定时时间到却没有选手抢答时，系统报警并封锁输入电路，禁止选手超时后抢答。当选手在定时时间内按动抢答按键时，抢答器要完成 4 项功能：

（1）分辨出抢答者的编码并显示，同时封锁按键。

（2）扬声器发出声音，提醒主持人。

（3）定时器停止工作，时间显示剩余的抢答时间，保持到主持人复位为止。

3．单元电路的设计

主体电路的设计主要包括以下几个部分：

（1）抢答电路的设计：主要实现两大功能：一是能分辨出选手按键的先后，并锁存优先抢答者的编号，供译码显示电路用；二是使其他选手的按键操作无效。

（2）定时电路的设计：主持人根据题目的难易程度，可以设定一次抢答的时间，通过预置时间电路对计数器进行预置。

（3）报警电路设计：可参考相关典型电路。

（4）时序控制电路的设计：

① 主持人按下开关时，扬声器发声，抢答开始，定时电路进入正常工作状态，在主持人按下开始前抢答按键无效；当选手抢答完毕后，定时电路停止工作，显示按键时间，只有"清零"后才能重新开始。

② 当设定时间到却无人抢答时，报警电路工作，抢答电路和定时电路停止工作。

5.4 多功能数字钟的设计

5.4.1 设计任务及要求

1．基本要求

（1）准确计时，以数字形式显示时、分、秒（为了使电路简单，不要求显示秒，可以采用发光二极管指示，可以省去 2 片译码器和 2 片数码显示器）。小时的计时要求为"12 翻 1"，即 12 点后为 1 点，分和秒的计时要求为 60 进位。

（2）计时出现误差时，可以用校时电路进行校时、校分、校秒（为了使电路简单，不要求对秒校正）。

2．扩展功能

（1）定时控制：数字钟在指定的时刻发出信号或驱动音响电路"闹时"；例如要求上午 7 时 59 分发出闹时信号，持续时间为 1 分钟。

（2）仿广播电台正点报时：每当数字钟计时快到正点时发出声响，通常按4低音1高音的顺序发出间断声响，以最后一声音结束的时刻为正点时刻。

（3）报整点时数：每当数字钟计时到整点时发出音响，且几点就响几声。

5.4.2 设计方案

1. 设计方案框图

设计方案框图见图5.4.1。振荡器产生稳定的高频脉冲信号，作为数字钟的时间基准，再经分频器输出标准秒脉冲。秒计时满60后向分计数器进位，分计数器满60后向小时计数器进位，小时计数按照"12翻1"规律计数。计数器的输出经译码器送显示器。计时出现误差时可以用校时电路进行校时、校分、校秒（为了使电路简单，不要求对秒校正）。

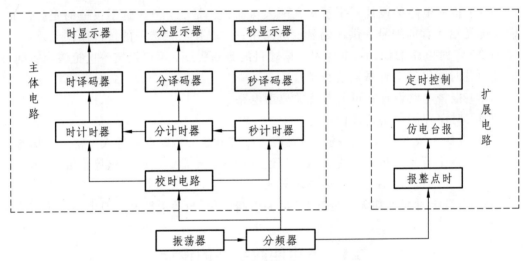

图 5.4.1 多功能数字钟的设计方案

2. 主体电路的单元电路设计

主体电路主要包括以下几个部分：

（1）振荡器：可以用晶振振荡器，也可以用555定时器。晶振特点：频率高，计时精度高，但是不易实现；555定时器特点：频率不高，计时精度不高，但易于实现。

（2）分频器：分频的作用在于将振荡器的频率降低，以满足计时或相关电路的需要。（例如二分频电路可以使频率变为原来的一半）。

（3)时、分、秒计数器的设计:分和秒都是模60的计数器,其计数规律为00-01⋯-58-59-00⋯ 而时计数器为"12翻1"的特殊进制计数器,即当数字钟运行到12时59分59秒时,秒的个位计数器再输入一个秒脉冲时,数字钟应自动显示为01时00分00秒,实现日常生活中习惯用的计时规律。

（4）时、分、秒的译码器和显示器的设计：可以用 7448 和 8 段（或 7 段）数码管显示器实现。

（5）校时电路的设计：当数字钟接通电源或计时出现误差时，需要校正时间。对校时电路的要求是：在"小时"校正时不影响分和秒的正常计数；在"分"校正时不影响秒和小时的正常计数。校时可以通过手动产生单脉冲做校时脉冲。校时脉冲可以采用 1 Hz 脉冲。

3．扩展电路的工作原理

（1）定时控制电路的设计：可以设计一个组合逻辑电路来控制闹时电路。当到时间时，扬声器发出 1 kHz 的声音，持续 1 分钟后结束。

（2）仿广播电台正点报时电路的设计：可以设计一个组合逻辑电路来实现。通常为 4 声低音，可以用 500 Hz 输入音响；最后一声高音为 1 kHz 输入音响。都持续 1 秒左右。

（3）整点报时电路的设计：主要组成部分是减法计数器，完成几点响几声功能。即从小时计数器的整点开始进行减法计数，直到零为止。然后可以采用编码器将小时计数器的 5 个输出端 Q_4、Q_3、Q_2、Q_1、Q_0 按照"12 翻 1"的编码要求，转换为减法计数器的 4 个输入端 D_3、D_2、D_1、D_0 所需的 BCD 码。

5.5　出租车计费器的设计

5.5.1　设计任务及要求

出租车自动计费器是根据客户用车的实际情况而自动计算、显示车费的数字表。数字表根据用车起步价、行车里程计费及等候时间计费三项显示客户用车总费用，打印单据，要求设置起步、停车的音乐提示或语言提示。

（1）自动计费器具有行车里程计费、等候时间计费和起步费三部分，三项计费统一用 4 位数码管显示，最大金额为 99.99 元。

（2）行车里程单价设为每公里 1.80 元，等候时间计费设为每 10 分钟 1.5 元，起步费设为 8.00 元。要求行车时计费值每公里刷新一次；等候时每 10 分钟刷新一次；行车不到 1 km 或等候不足 10 分钟则忽略计费。

（3）在启动和停车时给出声音提示。

5.5.2　设计方案

1．设计方案框图

设计方案框图见图 5.5.1。首先将行车里程、等候时间都按相同的比价转换成脉冲信号，然后对这些脉冲进行计数，而起价可以通过预置送入计数器作为初值，如

图 5.5.1 所示。行车里程计数电路每行车 1 km 输出一个脉冲信号，启动行车单价计数器输出与单价对应的脉冲数，例如单价是 1.80 元/km，则设计一个一百八十进制计数器，每公里输出 180 个脉冲到总费计数器，即每个脉冲为 0.01 元。等候时间计数器将来自时钟电路的秒脉冲作六百进制计数，得到 10 分钟信号，用 10 分钟信号控制一个一百五十进制计数器（等候 10 分钟单价计数器）向总费计数器输入 150 个脉冲。这样，总费计数器根据起步价所置的初值，加上里程脉冲、等候时间脉冲即可得到总的用车费用。

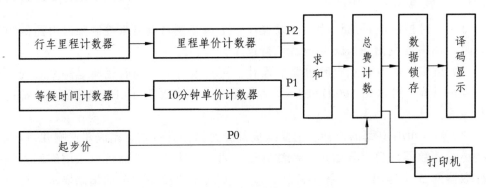

图 5.5.1　出租车计费器的设计方案

如果将里程单价计数器和 10 分钟等候单价计数器用比例乘法器完成，则可以得到较简练的电路。它将里程脉冲乘以单价比例系数得到代表里程费用的脉冲信号，等候时间脉冲乘以单位时间的比例系数得到代表等候时间的时间费用脉冲，然后将这两部分脉冲求和。

如果总费计数器采用 BCD 码加法器，即利用每计满 1km 的里程信号、每等候 10 分钟的时间信号控制加法器加上相应的单价值，就能计算出用车费用。

2. 单元电路设计

（1）里程计费电路设计。

里程计费电路通常安装在与汽车轮相接的涡轮变速器的磁铁上，使干簧继电器在汽车每前进 10 m 闭合一次，即输出一个脉冲信号。汽车每前进 1 km 则输出 100 个脉冲。此时，计费器应累加 1 km 的计费单价，本电路设为 1.80 元。干簧继电器产生的脉冲信号经施密特触发器整形得到 CP_0。CP_0 送入 4 片 74HC161 构成的一百八十进制计数器，计满 180 个脉冲后，使计数器清 0。RS 触发器复位为 0，计数器停止计数。

（2）等候时间计费电路设计。

由 3 片 74HC161 构成的六百进制计数器对秒脉冲 CP_2 作计数，当计满一个循环时也就是等候时间满 10 分钟。一方面对六百进制计数器清 0，另一方面将基本 RS 触发器置为 1，启动 2 片 74HC161 构成的一百五十进制计数器（10 分钟等候单价）开始计数，计数期间同时将脉冲从 P1 输出。在计数器计满 10 分钟等候单价时将 RS

触发器复位为 0，停止计数。从 P1 输出的脉冲数就是每等候 10 分钟输出 150 个脉冲，表示单价为 1.50 元，即脉冲当量为 0.01 元，等候计时的起始信号由手动开关给定。

（3）计数、锁存、显示电路设计。

计数器由 4 位 BCD 码计数器 74LS160 构成，对来自里程计费电路的脉冲 P2 和来自等候时间的计费脉冲 P1 进行十进制计数。计数器所得到的状态值送入由 2 片 8 位锁存器 74LS273 构成的锁存电路锁存，然后由七段译码器 74LS48 译码后送到共阴数码管显示。

计数、译码、显示电路为使显示数码不闪烁，需要保证计数、锁存和计数器清零信号之间正确的时序关系。当计数完 1 km 脉冲（或等候 10 分钟脉冲）则计数结束。现在应将计数器的数据锁存到 74LS273 中以便进行译码显示，锁存信号由 74LS123 构成的单稳态电路实现，当 Q_1 或 Q_2 由 1 变 0 时启动单稳电路延时而产生一个正脉冲，这个正脉冲的持续时间应保证数据锁存可靠。锁存到 74LS273 中的数据由 74LS48 译码后，在显示器中显示出来。只有在数据可靠锁存后才能清除计数器中的数据。因此，电路中用 74LS123 设置了第二级单稳电路，该单稳电路用第一级单稳输出脉冲的下跳沿启动，经延时后第二级单稳的输出产生计数器的清零信号。这样就保证了"计数—锁存—清零"的先后顺序，保证计数和显示的稳定可靠。

上电开关能实现上电时自动置入起步价目，S3 可实现手动清零，使计费显示为 00.00。其中，小数点为固定位置。

（4）时钟电路设计。

时钟电路提供等候时间计费的计时基准信号，同时作为里程计费和等候时间计费的单价脉冲源。

可以用 555 定时器产生 1 kHz 的矩形波信号，经 74LS90 组成的 3 级十分频后，得到 1 Hz 的脉冲信号可作为计时的基准信号。同时，可选择经分频得到的 500 Hz 脉冲作为 CP_1 的计数脉冲。也可采用频率稳定度更高的石英晶体振荡器。

5.6　简易数字式电容测试仪的设计

5.6.1　设计任务及要求

1. 基本要求

（1）设计电容数字测量仪电路，测量电容容量范围为 100 pF ~ 100 μF。

（2）应设计 3 个以上的测量量程。

（3）用 4 位数码管显示测量结果。

（4）用红、绿色发光二极管表示单位。

（5）测试 10 个以上的电容并记录测试误差。

2. 扩展功能

（1）自行设计报警电路，如果超出量程则发出声光报警。

（2）扩展电容测量范围。

5.6.2 设计方案

设计方案见图 5.6.1。把待测电容 C 转换成宽度为 t_w 的矩形脉冲，转换的原理是单稳态触发器的输出脉宽 t_w 与电容 C 成正比。可以用 555 震荡器产生一定周期的矩形脉冲作为计数器的 CP 脉冲，也就是标准频率。用这个宽度的矩形脉冲作为闸门信号控制计数器计数，合理处理计数系统电路，可以使计数器的计数值即为被测电容的容值。或者把此脉冲作闸门时间和标准频率脉冲相"与"，得到计数脉冲，该计数脉冲送计数-锁存-译码显示系统就可以得到电容量的数据。外部旋钮控制量程的选择，用计数器控制电路控制总量程，如果超过电容计量程，则报警并清零。

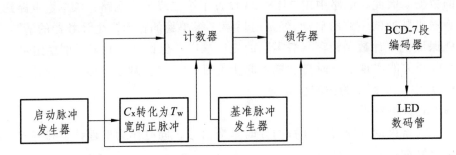

图 5.6.1　简易数字式电容测量仪的的设计方案

5.7　简易洗衣机工作控制电路的设计

5.7.1　设计任务及要求

（1）100 分钟内可设定洗衣机的工作时间。

（2）控制洗衣机的电机时间可自由设定。

（3）用开关启动洗衣机，数码管动态显示剩余时间，发光二极管依次点亮形成光点移动或停止，表示电机的运动规律。

5.7.2　设计方案

1. 设计方案框图

设计方案见图 5.7.1。首先设定工作时间（Work Time）、运转时间（On Time）

及暂停时间（Stop Time）。然后通过开关启动电路，在 CLK 的作用下，时间设置电路开始倒计时，运转控制电路控制状态显示电路，使发光二极管依次点亮形成光点移动或停止，表示电机的运动规律。当倒计时完成时，通过信号激活置停电路，置停时间设置电路、运转控制电路及状态显示电路，从而达到模拟停机的目的，并且置停电路控制报警电路发出灯光和声音报警，表明洗衣完成。

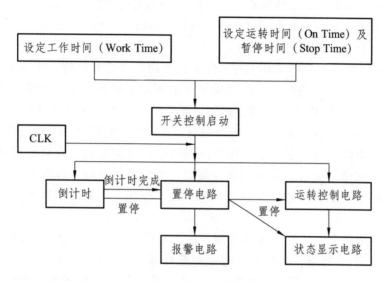

图 5.7.1　简易洗衣机工作控制电路的设计方案

2．单元电路设计

（1）状态显示电路的设计：该部分电路由两组发光二极管构成。第一组由 8 个发光二极管构成圆形，模拟洗衣机滚筒转动。第二组由 8 个并列的发光二极管构成，可清晰地显示运动情况。

（2）时间设置电路的设计：该部分电路主要由 4 片同步可逆十进制计数器和 4 个数码管组成。

（3）运转控制电路的设计：该部分电路由两个模块组成，分别是运转时间设置电路和核心控制电路。运转时间设置电路原理与时间设置电路类似，控制运转时间及暂停时间的两组计数器的置数端，从而实现洗衣机的电机运转及暂停，时间 100 秒内可调。

（4）脉冲发生电路的设计：该部分电路主要由信号源、开关及门电路组成。该部分电路由开关和置停电路控制。

（5）置停电路的设计：这部分电路可以用触发器实现。

（6）报警电路的设计：这部分电路主要由反相器、红灯及蜂鸣器组成。

5.8 交通灯控制电路的设计

5.8.1 设计任务及要求

1. 基本要求

（1）南北向绿灯亮，东西向红灯亮（5 s）→南北向黄灯亮，东西向红灯亮（1 s）→南北向红灯亮，东西向绿灯亮（5 s）→南北向红灯亮，东西向黄灯亮（1 s）→南北向绿灯亮，东西向红灯亮（5 s）。

（2）应满足两个方向的工作时序：即东西方向亮红灯时间应等于南北方向亮黄、绿灯时间之和，南北方向亮红灯时间应等于东西方向亮黄、绿灯时间之和。假设每个单位时间为 3 s，则南北、东西方向绿、黄、红灯亮时间分别为 15 s、3 s、18 s，一次循环为 36 s。其中红灯亮的时间为绿灯、黄灯亮的时间之和，黄灯是间歇闪耀。

（3）十字路口要有数字显示，作为时间提示，以便人们更直观地把握时间。具体为：当某方向绿灯亮时，置显示器为某值，然后以每秒减 1 计数方式工作，直至减到数为"0"。十字路口红、绿灯交换，一次工作循环结束，而进入下一步某方向的工作循环。

例如：当南北方向从红灯转换成绿灯时，置南北方向数字显示为 18，并使数显计数器开始减"1"计数，当减到绿灯灭而黄灯亮（闪耀）时，数显得值应为 3，当减到"0"时，此时黄灯灭，而南北方向的红灯亮；同时，使得东西方向的绿灯亮，并置东西方向的数显为 18。

（4）可以手动调整和自动控制，夜间为黄灯闪耀。

2. 扩展功能

（1）在某一方向（如南北）为十字路口主干道，另一方向（如东西）为次干道，主干道由于车辆、行人多，而次干道的车辆、行人少，所以主干道绿灯亮的时间可以选定为次干道绿灯亮时间的 2 倍或 3 倍。

（2）用 LED 发光二极管模拟汽车行驶电路。当某一方向绿灯亮时，这一方向的发光二极管接通，并一个一个向前移动，表示汽车在行驶；当遇到黄灯亮时，移位发光二极管就停止，过了十字路口时移位发光二极管继续向前移动；红灯亮时，则另一方向转为绿灯亮，那么，这一方向的 LED 发光二极管就开始移位（表示这一方向的车辆行驶）。

5.8.2 设计方案

1. 设计方案框图

交通灯控制器的系统框图如图 5.8.1 所示，其中红灯（R）亮表示该条道路禁止通行；黄灯（Y）亮表示停车；绿灯（G）亮表示允许通行。

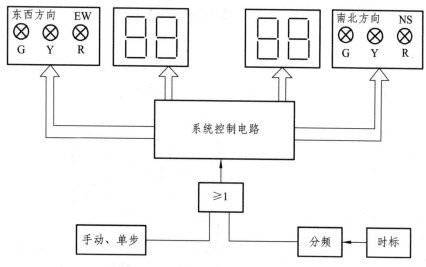

图 5.8.1　交通灯控制电路的设计方案

2. 单元电路设计

（1）秒脉冲和分频器的设计。

因十字路口每个方向绿、黄、红灯所亮时间比例分别为 5：1：6，所以，若选 4 s（也可以 3 s）为一单位时间，则计数器每计 4 s 输出一个脉冲。这一电路就很容易实现。

（2）交通灯控制器的设计。

由波形图可知，计数器每次工作循环周期为 12，所以可以选用 12 进制计数器。计数器可以用单触发器组成，也可以用中规模集成计数器。可以选用中规模 74LS164 八位移位寄存器组成扭环形 12 进制计数器。

（3）显示控制部分的设计。

显示控制部分实际上是一个定时控制电路。当绿灯亮时，使减法计数器开始工作（用对方的红灯信号控制），每来一个秒脉冲，使计数器减 1，直到计数器为 "0" 而停止。译码显示可用 74LS248 BCD 码七段译码器，显示器用 LC5011-11 共阴极 LED 显示器，计数器材用可预置加、减法计数器，如 74LS168、74LS193 等。

（4）手动/自动控制及夜间控制的设计。

这可用一选择开关实现。置开关在手动位置，输入单次脉冲，可使交通灯在某一位置上；开关在自动位置时，则交通信号灯按自动循环工作方式运行；夜间时，将夜间开关接通，黄灯闪亮。

（5）汽车模拟运行控制的设计。

用移位寄存器组成汽车模拟控制系统，即当某一方向绿灯亮时，则绿灯亮 "G" 信号。使该路方向的移位通路打开；而当黄、红灯亮时，则使该方向的移位停止。

5.9 数字温度计的设计

5.9.1 设计任务及要求

设计一个测试温度范围为 0 ~ 100 ℃ 的数字温度计。

5.9.2 设计方案

1．设计方案框图

数字温度计一般由温度传感器、放大电路、模数转换、译码显示等几个部分组成。图 5.9.1 是数字温度计的设计方案框图。

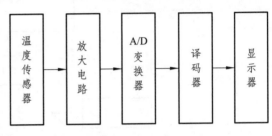

图 5.9.1　数字温度计的的设计方案

2．单元电路设计

（1）温度传感器的选择。

温度是最普通最基本的物理量，用电测法测量温度时，首先要通过温度传感器将温度转换成电量。温度传感器有热膨胀式（双金属元件和水银柱开关）、温差电势效应电压式（热电偶）、电阻效应式电阻温度计（有铂、镍及镍铁合金和热敏电阻）、半导体感受式（测温电阻、二极管和集成电路器件如 AD590）。

AD590 是一种单片集成的两端式温度敏感电流源，它有金属壳、小型的扁平封装芯片和不锈钢等几种封装方式，它是一个电流源，所流过电流的数值（μA 级）等于绝对温度（Kelvin）的变数，其激励电压可以从 + 4 ~ + 30 V，适用的温度范围从 − 55 ~ + 110 ℃。图 5.9.2 是它的应用示例图。

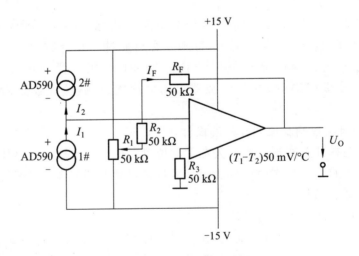

图 5.9.2　AD590 应用示例

（2）温度的测量。

在测量温度时，AD590 往往要接到需要电压输入的系统中，图 5.9.2 是用两个 AD590 和一个运算放大器进行温度测量的基本电路，其输出电压 $u_o = (T_1 \sim T_2) \cdot 50 \text{ mV/°C}$，若 $T_2 = 0 \text{ °C}$，则 T_1 为待测温度，当 $T_1 = T_2$ 时，由于 AD590 之间的失配或者有小的温度差，用电阻 R_1 和 R_2 能够调掉偏置。

（3）温度的数字显示。

运算放大器输出电压需经 A/D 变换、译码器送至数码管显示。应注意显示的温度数值与电压之间的换算关系。

5.10　多路防盗报警电路的设计

5.10.1　设计任务及要求

设计一个多路防盗报警电路，要求：

（1）输入电压：DC 12 V。

（2）输出信号：同时驱动 LED 和继电器。

（3）具有延时触发功能。

（4）具有显示报警地点功能。

5.10.2　设计方案

1. 设计方案框图

多路报警器采用多路输入、同一报警输出方式实现。输入端带延时触发功能，以麻痹盗贼。多路报警器原理框图如图 5.10.1 所示。

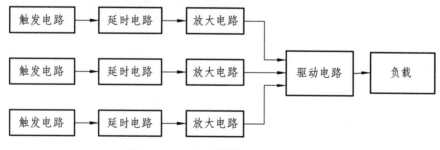

图 5.10.1　多路报警器的设计方案

2. 单元电路设计

（1）触发电路的设计。

如图 5.10.2 所示，按键 S 代表报警轻触开关，当开关按下时，电容 C_1 经电阻 R_1 充电，实现延时触发电路；再经过三极管 BG 放大，驱动晶体管 Q，点亮 LAMP-1

指示灯，指示报警，同时信号经过二极管 D 触发后续报警电路。

（2）报警电路的设计。

报警电路由 NE555 和驱动电路构成，如图 5.10.2 所示。

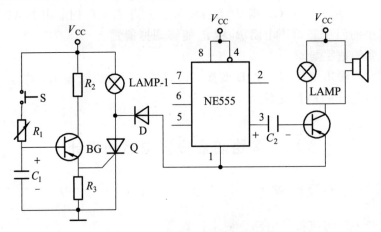

图 5.10.2　多路报警器的设计

附录 常用芯片名称及管脚图

芯片型号	管脚图	功能介绍
74LS00	**14** **13** **12** **11** **10** **9** **8** V_{CC} 4B 4A 4Y 3B 3A 3Y 74LS00 1A 1B 1Y 2A 2B 2Y GND **1** **2** **3** **4** **5** **6** **7**	四 2 输入与非门
74LS10	**14** **13** **12** **11** **10** **9** **8** V_{CC} 1C 1Y 3C 3B 3A 3Y 74LS10 1A 1B 2A 2B 2C 2Y GND **1** **2** **3** **4** **5** **6** **7**	三 3 输入与非门
74LS20	**14** **13** **12** **11** **10** **9** **8** V_{CC} 2D 2C NC 2B 2A 2Y 74LS20 1A 1B NC 1C 1D 1Y GND **1** **2** **3** **4** **5** **6** **7**	二 4 输入与非门，其中 NC 为空管脚，不需要连接。
74LS02	**14** **13** **12** **11** **10** **9** **8** V_{CC} 4Y 4B 4A 3Y 3B 3A 74LS02 1Y 1A 1B 2Y 2A 2B GND **1** **2** **3** **4** **5** **6** **7**	四 2 输入或非门

芯片型号	管脚图	功能介绍
74LS04	14 13 12 11 10 9 8 V_{CC} 6A 6Y 5A 5Y 4A 4Y 74LS04 1A 1Y 2A 2Y 3A 3Y GND 1 2 3 4 5 6 7	非门
74LS08	14 13 12 11 10 9 8 V_{CC} 4B 4A 4Y 3B 3A 3Y 74LS08 1A 1B 1Y 2A 2B 2Y GND 1 2 3 4 5 6 7	四 2 输入与门
74LS32	14 13 12 11 10 9 8 V_{CC} 4B 4A 4Y 3B 3A 3Y 74LS32 1A 1B 1Y 2A 2B 2Y GND 1 2 3 4 5 6 7	四 2 输入或门
74LS86	14 13 12 11 10 9 8 V_{CC} 4B 4A 4Y 3B 3A 3Y 74LS86 1A 1B 1Y 2A 2B 2Y GND 1 2 3 4 5 6 7	异或门
74LS74	14 13 12 11 10 9 8 V_{CC} $2\overline{R}_D$ 2D 2CP $2\overline{S}_D$ 2Q $2\overline{Q}$ 74LS74 $1\overline{R}_D$ 1D 1CP $1\overline{S}_D$ 1Q $1\overline{Q}$ GND 1 2 3 4 5 6 7	双 D 型正沿触发器，$\overline{R}_D$ 为低有效直接复位端，$\overline{S}_D$ 为低有效直接置数端。

芯片型号	管脚图	功能介绍
74LS112	16 15 14 13 12 11 10 9 V_{CC} $1\overline{R}_D$ $2\overline{R}_D$ 2CP 2K 2J $2\overline{S}_D$ 2Q 74LS112 1CP 1K 1J $1\overline{S}_D$ 1Q $1\overline{Q}$ $2\overline{Q}$ GND 1 2 3 4 5 6 7 8	双 JK 型负沿触发器，$\overline{R}_D$ 为低有效直接复位端，$\overline{S}_D$ 为低有效直接置数端。
74LS138	16 15 14 13 12 11 10 9 V_{CC} $\overline{Y}_0$ $\overline{Y}_1$ $\overline{Y}_2$ $\overline{Y}_3$ $\overline{Y}_4$ $\overline{Y}_5$ $\overline{Y}_6$ 74LS138 A_0 A_1 A_2 $\overline{G}_{2A}$ $\overline{G}_{2B}$ G_1 $\overline{Y}_7$ GND 1 2 3 4 5 6 7 8	3 线-8 线译码器
74LS153	16 15 14 13 12 11 10 9 V_{CC} $\overline{2S}$ A_0 $2D_3$ $2D_2$ $2D_1$ $2D_0$ 2Y 74LS153 $\overline{1S}$ A_1 $1D_3$ $1D_2$ $1D_1$ $1D_0$ 1Y GND 1 2 3 4 5 6 7 8	双 4 选 1 数据选择器
74LS161	16 15 14 13 12 11 10 9 V_{CC} TC Q_0 Q_1 Q_2 Q_3 CET $\overline{PE}$ 74LS161 $\overline{CR}$ CP D_0 D_1 D_2 D_3 CEP GND 1 2 3 4 5 6 7 8	四位二进制可预置数同步加法计数器

芯片型号	管脚图	功能介绍
74LS194		四位双向移位寄存器
555		555 定时器

74LS194 管脚图：
16 V_{CC}，15 Q_A，14 Q_B，13 Q_C，12 Q_D，11 CP，10 S_I，9 S_0
74LS194
1 $\overline{CR}$，2 S_R，3 D_A，4 D_B，5 D_C，6 D_D，7 S_L，8 GND

555 管脚图：
8 V_{CC}，7 u'_o，6 u_{I1}，5 u_{IC}
555
1 GND，2 u_{I2}，3 u_o，4 $\overline{R_D}$

参考文献

[1] 钟化兰. 模拟电子技术实验教程[M]. 南昌：江西科学技术出版社，2009.

[2] 钟化兰. 数字电子技术实验及课程设计教程[M]. 西安：西北工业大学出版社，2015.

[3] 徐征. 数字逻辑实验及 Multisim 仿真教程[M]. 成都：西南交通大学出版社，2018.

[4] 王萍. 电子技术实验教程[M]. 北京：机械工业出版社，2017.

[5] 付智辉，裴亚男. 数字逻辑与数字系统[M]. 成都：西南交通大学出版社，2009.

[6] 邬春明，雷宇凌，李蕾，等. 数字电路与逻辑设计[M]. 北京：清华大学出版社，2015.

[7] 郭锁利等. 基于 Multisim 9 的电子系统设计、仿真与综合应用[M]. 北京：人民邮电出版社，2008.

[8] 任骏原，腾香，李金山. 数字逻辑电路 Multisim 仿真技术[M]. 北京：电子工业出版社，2013.

[9] 刘可文. 数字电路与逻辑设计[M]. 北京：科学出版社，2013.

[10] 教育部高等学校电子电气基础课程教学指导分委员会. 电子电气基础课程教学基本要求[M]. 北京：高等教育出版社，2011.